日置弘一郎・大木　裕子
波積　真理・王　英燕　[著]

産業集積のダイナミクス

ものづくり高度化の
プロセスを解明する

Dynamics of Industrial Clusters

中央経済社

はしがき

　これまでの経営学では，大企業がすべてのプロセスを一貫して行うという仮定で企業やビジネスが分析されてきたが，現在アウトソーシングが広範に行われ，自分で経営資源を保有する必要が必ずしもなくなってくると，他社との連携をいかに行っていくかという問題が非常に重要になる。本研究はこの点を明らかにしようとするもので，学術的には複数の経営主体間の相互作用を解明するために，これまでの前提を再検討した理論を構築することを目的としている。

　まず，本書のベースである研究プロジェクトの経緯を解説したい。

　最初の関心は，中国江西省の景徳鎮における陶磁器集積で，文化大革命（文革）の時に社会主義イデオロギーに基づいて，大工場に集約されていた陶磁器職人が音を立てて工場から抜け出し，独立して小規模な窯を作っていることを聞いたことでかき立てられた。集積の形成ではなく，解体と再形成という事例はほとんどなく，何がおきているかを検証する必要があると思えた。適切な製造規模が存在するのか，集積の中で何がおきているのか。

　実際に景徳鎮に行くと，その活況に驚いたが，この活況は中国経済の回復からやや遅れてやってきた。景徳鎮の高級磁器は文革でほぼ生産が停止された。高級幹部用の器や外国要人への贈り物など細々と技術・技能は保存されていた。文化大革命は1966年に開始されて，1977年に終結宣言が出された。文革の影響を脱して中国の本格的な経済成長が始まるのは1990年代のことになるが，それまでは高級な磁器の需要は小さかった。文革時代の景徳鎮は実用的な製品が中心であった。また，大量に作ることが優先され，高品質で小ロットの生産はまれになった。極端な社会主義イデオロギーが支配していたためである。

　ある程度以上の技能を保有している職人が独立して，窯を開き生産を始め

II

ても，それが軌道に乗るためには需要が広がることが必要である。日本の場合には茶道に関する器が大きな市場を形成する。独自の美意識があり，それが作り手を育成する。中国の場合は器としての美意識以上にインテリアの需要が多い。インテリアとしての大瓶や陶人形は中国での定番であり，その需要はかなりあったが文革の間に紅衛兵と呼ばれる年少者が動員され，告発を行うことが推奨された。紅衛兵たちは突如家に侵入し，家財で資産家を想定させるものがあれば破壊し，その家族を糾弾した。逆に，陶磁器の保有者は隠しおおせる場合を除いて自ら破壊するということが行われた。多くの良品が失われたことは想像に余る。

　このような中国固有の状況があるために，研究の対象として景徳鎮のみで報告書をつくることも可能であったが，より広い枠組み——景徳鎮のみならず，日本の有田，波佐見，唐津，常滑など陶器・陶磁器産地や，京都の清水焼，西陣の織物，八女市の伝統産業，韓国利川の陶磁器から，イタリア・クレモナのヴァイオリン，シリコンバレーの先端産業といった多様なクラスターを見ること——で一般化される理論構築を考えることを主張しようという方向に転換したのである。

　当時の景徳鎮では，製品の評価がほとんど販売価格で評価されているといってよかった。実際に価格を決定するのは流通過程であり，相対（あいたい）での価格決定で合理的な基準があるわけではない。しかし，その価格が参照されて，他の作者の価格に影響する。基本的には名人の駄作と無名人の名作を評価する枠組みはない。

　ただし，制作者相互の批評はあり得る。相互評価を受け容れるか否かについてそれぞれの集積についての違いがあり，相互評価が決定的であるような集積も少なくない。例えば，西陣では金儲けをしたとか会社を大きくしたという基準ではなく，西陣にデザインや技法におけるイノベーションをもたらしたことが相互評価の基準であるとされている。これとほとんど同様のことがシリコンバレーでも言われている。経営者の行動原理として，利益最大ではなく，ネットワーク・レピュテーション（ネットワーク内相互評価）での

評価を上げるという基準での行動になる。

　研究の焦点はこの時点で，高度な製品がどのようにして生み出されたかを追求することに変化した。自動的に高度化するのではなく，高度化するメカニズムがあるという想定が可能で，おそらく集積の中でそれが存在することは明らかである。重要な点は，集積の中での行動様式が自らの利益を最大化するという経済合理性の原理ではなくなっている点にある。これは経営学の分析の視点がこれまで単独主体の最適化を図ってきたという点から脱却することを必要としはじめているといってよい。複数の主体の相互最適化に向けた新たな経営学に向けた下準備になっている。

　本研究は二次にわたる日本学術振興会の「科学研究費補助金22330115，15H01963」の成果である。景徳鎮の状況については，景徳鎮陶瓷学院の二十歩文雄教授に多大なご尽力をいただき，その実態を何とか解明することができた。また，福岡の地域マーケティング研究所代表取締役社長の吉田潔氏には，九州での取材のセッティングをお引き受けいただき，短期間の取材で効率よく全体像を把握することができた。中国では京都産業大学の李為教授に，素晴らしい通訳をしていただいた。本書の執筆には参加が叶わなかったが，愛知学院大学の関千里教授も，当初から本研究に参加しており，チームビルディングに大きくご尽力いただいたことを申し添えたい。

　最後に，本書の出版にあたり，当初の予定より執筆が遅れたメンバーを，根気よく励ましていただいた中央経済社と担当の市田由紀子氏に，研究メンバー一同感謝申し上げたい。

2019年6月

執筆者を代表して

日置弘一郎

大木　裕子

目　次

はしがき　I

序　章　ものづくりの高度化──本書のねらい …………………… 1

第1章　クラスター内でのビジネス連携 ……………………………… 5

1　集積の効果　6
2　集積の理由　7
3　集積からブランドへ　10
4　プロデューサーとメーカー　11
5　リスク回避　13
6　クラスター内リスク分散　17
7　プロデューサーという役割　21
8　産業クラスターにおけるプロデューサー　24
9　高度製品の価格形成　28
10　みやこ性　31

第2章 産業クラスターにおける 高度なものづくりへの移行メカニズム⋯⋯⋯⋯39

1 研究の枠組み 40

1.1 クラスター研究の軌跡 40

1.1.1 産業集積としてのとらえ方 40

1.1.2 産業クラスターとしてのとらえ方 41

1.1.3 イノベーションの研究 43

1.1.4 さらなる実証研究の必要性 44

1.2 本研究の枠組み 45

2 シリコンバレーのものづくり 47

2.1 概　要 47

2.2 歴　史 47

2.2.1 Defense 国防 48

2.2.2 IC（集積回路） 49

2.2.3 PC（パーソナル・コンピュータ） 49

2.2.4 Internet（インターネット） 49

2.2.5 Biotech（バイオ産業） 50

2.2.6 現　状 50

2.3 特　徴 51

2.3.1 要素条件 52

2.3.2 需要条件 54

2.3.3 企業の戦略，競争 54

2.3.4 関連産業 55

2.4 製品高度化への取り組み 56

3 クレモナのものづくり 58

3.1 概　要 58

3.2　歴　史　58

　　3.2.1　オールド・ヴァイオリン　58

　　3.2.2　モダンイタリー・ヴァイオリン　59

　　3.2.3　コンテンポラリー・ヴァイオリン　60

　　3.2.4　現　状　60

3.3　特　徴　61

　　3.3.1　要素条件　61

　　3.3.2　需要条件　63

　　3.3.3　企業の戦略，構造およびライバル間の関係　64

　　3.3.4　関連産業・支援産業　66

3.4　製品高度化への取り組み　67

　　コラム　景徳鎮の陶磁器産業クラスター　71

4　製品高度化の条件　71

4.1　前提条件　72

　　4.1.1　スポンサー：技術開発のための財政的支援　72

　　4.1.2　国際的な知名度：ブランド　72

　　4.1.3　グローバル・マーケット：市場規模　73

　　4.1.4　グローバル人材：技術者層のボリューム　73

　　4.1.5　前提条件に関する景徳鎮の評価　74

4.2　必要条件　75

　　4.2.1　技術者スピリッツを持つリーダー　75

　　4.2.2　専門家同士のピア・レビュー（相互評価）　76

　　4.2.3　顧客の鑑識眼　77

　　4.2.4　技術者の感性　78

　　4.2.5　製品高度化への条件に関する景徳鎮の評価　78

5　高度なものづくりへの移行メカニズム　79

5.1　ビジネス・プロデューサーの必要性　80

iv

　　　5.1.1　ビジネス・プロデューサーとは　80

　　　5.1.2　ビジネス・プロデューサーのしごと　82

　　　コラム　ビジネス・プロデューサーとしてのヤマハ　83

　　5.2　ビジネス・プロデューサーのしごと能力　84

　　　5.2.1　コンセプチュアルな感性　84

　　　5.2.2　コミュニケーションの感性　84

　　　5.2.3　テクニカルな感性　85

　　5.3　むすび　85

　6　おわりに　87

第**3**章　│　クラスターによる地域ブランドの形成と展開………93

　1　研究の枠組み　94

　　1.1　地域ブランドとしての産業クラスター　94

　2　景徳鎮における地域ブランドの形成と展開：明〜清時代　96

　　2.1　生産体制の進展と管理体制　96

　　2.2　官窯における技術革新　100

　3　手作り型産業クラスターの復興　102

　　3.1　倣古磁器の生産・流通体制と管理　102

　　3.2　景徳鎮陶瓷学院派による工芸美術作品と新しい動き　106

　　3.3　景徳鎮における地域ブランドの強みとブランド要素　108

　4　有田焼における地域ブランドの形成と展開　110

　　4.1　有田焼の歴史　110

　　4.2　有田焼の管理体制の変化：佐賀藩の統制から同業者組合による品質管理　113

　　4.3　有田焼の生産体制の変化　119

　　4.4　流通体制の変化　121

目次　v

5　地域ブランドとしての有田焼　122

5.1　地域ブランドのマネジメント主体　123

5.2　地域ブランドとしての有田焼の強み　127

5.3　地域ブランドを形成する要素　129

6　新たなビジネスモデルとマネジメントの在り方　130

第4章　クラスターへの帰属意識と影響要因……………………135

1　クラスターへの帰属意識　136

1.1　会社への帰属意識との違い　136

1.2　本章の問題意識　137

2　帰属意識の構成　138

2.1　道具的帰属　140

2.2　情緒的帰属　140

2.3　道徳的帰属　141

2.4　三次元構成　142

3　外在的要因　143

3.1　血縁（婚姻）関係　143

3.2　地縁関係　144

3.3　学縁関係　144

4　内在的要因　145

4.1　役割アイデンティティ　145

4.2　社会的アイデンティティ　146

5　内外要因の相互作用　147

6　方法：現代の景徳鎮職人　149

6.1　景徳鎮概要　150

6.2　新中国体制下の景徳鎮　151

6.3　職人の育成　153

　　6.3.1　家族伝承　153

　　6.3.2　師弟継承　153

　　6.3.3　学校教育　154

7　調査内容　154

7.1　家族伝承者の事例　155

7.2　師弟継承者の事例　156

7.3　学校出身者の事例　158

8　事例分析　159

8.1　景徳鎮陶磁器クラスターに対する帰属意識　159

　　8.1.1　A 氏の帰属意識　159

　　8.1.2　B 氏の帰属意識　160

　　8.1.3　C 氏の帰属意識　161

　　8.1.4　D 氏の帰属意識　162

　　8.1.5　E 氏の帰属意識　162

　　8.1.6　F 氏の帰属意識　163

　　8.1.7　G 氏の帰属意識　163

8.2　外在的要因の影響　164

　　8.2.1　血縁関係の影響　164

　　8.2.2　地縁関係の影響　165

　　8.2.3　学縁関係の影響　165

8.3　自己アイデンティティに対するとらえ方　166

8.4　内在要因の相互作用がクラスターに対する帰属意識に及ぼす影響　168

　　8.4.1　家族伝承者の内外要因の相互作用　168

　　8.4.2　師弟継承者の内外要因の相互作用　169

　　8.4.3　学校出身者の内外要因の相互作用　169

9 考　察　170

9.1 家族伝承者に関する考察　170

9.2 師弟継承者に関する考察　171

9.3 家族伝承者に関する考察　172

9.4 三者の帰属意識比較　172

9.5 三者のアイデンティティのとらえ方　173

9.6 事例から見る内外要因と相互作用　174

終　章　逆転の発想——景徳鎮からわかること …………………177

索　引　185

序 章

ものづくりの高度化──本書のねらい

ものづくりの高度化はどのようなメカニズムでなされるのだろうか。1つの回答として提出された議論が産業クラスターである。産業クラスターはマイケル・ポーター（Michael Eugene Porter）によって提唱され，産業集積が高度なものづくりにつながっていることが指摘された。この議論はいくつかの理論上の展開を含んでいる。

空間的に限定された範囲で，複数の主体が相互作用していく中で，高度なものづくりのなされている状態が産業クラスターであるとされる。この時に，クラスターのどの側面を強調するかについての理解が分かれている。

日本でこれまで強調されてきたのは，産業クラスターは限定された空間内での産業集積が成功しているという側面であり，地域経済の活性化政策であるとする理解である。地域政策として，活性化のためにクラスターの創出を政策目的とする。

米国シリコンバレーを産業クラスターのモデルとすると，スタンフォード大学で開発された技術的革新が外部に流出してイノベーションが連続したことに注目して，大学などの研究機関が産業クラスターに必要であるといった理解がなされるという傾向もあった。文部科学省の知的クラスター政策は大学などの研究機関に助成金を出してベンチャービジネスの創出につなげることを想定したものであったが，成功したとはいえない。日本の大学は新産業を創出したという経験は乏しく，さらに技術開発者に対する報酬の体系が確立しているわけではないという事情もある。

シリコンバレーを想定した産業クラスターの議論は，連続的にイノベーションが引き起こされる状態を作り出そうとする。ところが，産業が集積すれば自動的に技術的イノベーションが引き起こされるわけではない。この議論は，伝統産業にも産業集積があり，これを産業クラスターとして捉える理解もなされていることもあり，技術的革新だけではなく，一般に製品の高度化が進行する状況を追究していると考えてよい。これに対して文部科学省の知的クラスター政策は，大学の知的資源を産業に移転することを目的としており，技術的革新に大きくシフトしている。しかし，そのことが産業クラスタ

ーについての一般的理解を制約しているようにも思われる。

われわれが科学研究費基盤研究(B)「手作り型産業クラスターの遷移位相」において追究しようとしたのは，伝統産業クラスター内部に豊富なビジネス間の連携が存在し，その結果もたらされるビジネスモデルの多様性の下で，どのようにものづくりがなされ，何が高度なものづくりに貢献しているかについてそれぞれの専門とする領域から多面的な視点で現象を確認することであり，さらにそれを一般化する試みである。

少なくとも，経営学の視点からは複数の経済主体が連携してものづくりを行うという状況は，現在まで経営学が自明としていた視点とは異なる。つまり，これまでの経営学は単独主体の最適化の追究を行ってきた。個別の企業の最適化がこれまで経営学において理論形成の目的であったが，そうではなく複数の経済主体（企業とは限らない）の総合的な最適化を考えることが必要になっているといってよい。また，アウトソーシング（外部資源委託生産）という現象が進行していることで，自社の最適化は他社の最適化と連動するようになり，複数主体が同時最適化を達成することがなされなければ最適な生産は困難であるという状況になってきている。

これらは，個別の経済主体が経済合理的行動を取ることによって市場の調整機能が働き，最適化が導かれるという仮定が失われることを意味している。自分の最適化のために他者を利用するという行動様式が，自動的にシステム全体の最適化につながり，かつそれが望ましいものであるという仮定が通用しなくなる。これは，企業行動のレベルだけではなく，産業クラスターに所属する個人の行動にまで及んでいる。伝統産業では企業に組織されない自営の職人を含んでいるが，その職人の行動も，産業クラスターに帰属していることで変容している可能性がある。それに関連して，個別の産業クラスターに固有の技術・技能の継承が問題となる。企業内だけで完結していた教育訓練がクラスターという場面では異質な様式になっている可能性は高い。本書では，陶磁器という伝統産業のクラスターを事例として開始された研究の，一般化を追究する。

第 **1** 章

クラスター内でのビジネス連携

　この章では，産業集積内での企業がどのように絡み合っている
かを考える。相互作用が希薄な場合もあるが，互いに分業を行っ
て，深く連結している場合も少なくない。この時に役割分業とし
てリスクをとるプロデューサーとリスクを回避するメーカーとい
う区分が存在することを指摘する。プロデューサーが機能する場
合に高度なものづくりがなされることを示し，集積による相互評
価によって相互に刺激しあうだけではなく高度化に進むメカニズ
ムを示していく。

1 | 集積の効果

　なぜ特定の産業領域の企業が集積するのか，工業立地論では原料や燃料，さらに消費地との関係など，経済合理的に決まると考えるが，現実の集積は多分に経路依存的であり，合理的な選択の結果であるとは限らない。とはいえ，まったく非合理的に決まっているというわけでもない。極めて不都合な立地であれば移転を考えるであろうが，いったん立地した場所を簡単に移転することは困難であることは明らかである。

　伝統産業であれば，原料や物流の制約により，立地が特定される。灘が日本酒産業の集積地になったのは宮水と呼ばれる原料によるとされるが，歴史的には当初の集積は同じ地下水系の池田や伊丹にあり，それが江戸に出荷するために港に近い灘に移転したと考えてよい。日本酒にとって原料としての水は大きな条件であり，よい水が得られる場所に立地することは必須である。池田＝灘の地下水は鉄分をほとんど含まないやや硬水という性質を持ち，日本酒の製造には好適である。同じ水系であることが第一条件で，その中で港に近くより出荷に便利な有利な場所への立地がなされた。江戸時代には新酒の積み出し競争が行われ，その年の新酒をどの酒蔵が最も早く運ぶかが競われた。このため重い酒樽を陸路で運ぶのではなく，港の側で製造することが利点となった。

　伏見の場合も，江戸時代初期は京都の市内に酒蔵が集積していたが，集積は伏見に移っている。この場合も，地下水系としては市内も伏見も同じ水系である。京都市内＝伏見の地下水系は軟水で，酒の質は硬水の伊丹＝灘とはかなり異なることになる。京都市内では天明の大火があり，市街地のほとんどが焼け野原になってしまったことが市内に集積していた酒造メーカーが移転するきっかけの１つであった。伏見は水がよいことに加えて，淀川の水運を利用できる港があり，物資の集積地であったことが立地条件として大きな要因である。灘，伏見とも最初は水質で立地し，製造規模が増大してゆく

につれて物流の利便が要因になって，集積が移転した（藤本・河口［2010］）。

　他方で，繊維産業の集積地である西陣は消費地に近接していることによる立地であると考えられるが，同じような条件を満たしているはずの江戸では西陣に相当する集積は見られない。原料の生糸は，江戸時代初期では中国からの輸入であり，江戸時代後半には国産で代替されたが，農村からの移入であるために原料が集積の理由ではない。生糸は日本酒とは異なり重量が軽いので，物流は要素としては小さい。西陣の集積は室町時代からの生産技術の集積があり，需要が生産集積を直接生み出すわけではない。西陣の成立は宮廷や公家の有職に対応する高級な製品への需要があり，さらに寺社の儀礼用製品などへの対応が必要で，多様な高級製品を作り出す技術・技能が保持され，それが普及品にまで及ぶ多様な生産につながったといえる。

　われわれが研究の対象とした景徳鎮は，典型的な原料立地であるといえる。中国江西省の山奥であり，立地は磁器原料のカオリンが産出されたことによる。磁器は高温での焼成だけではなく，磁器原料の土を必要とする。中国で磁器生産が開始され，それが各国で評価され，自国で作る努力がなされた。しかし，原料を発見できたケースは少なく，中国の磁器があこがれの的となった。景徳鎮は近辺の高嶺で磁土が産出されたことに加えて，元代から官窯に指定され，皇帝の用いる器を製造した。このためにきわめて高度な技術や技能の蓄積がなされていったのである。

2 ┃ 集積の理由

　集積の理由が必ずしも明確ではないケースも少なくない。福井のめがねフレームの集積は明確な理由があるようには見えない。軽工業の集積は見られたが，それがめがねフレームである必然はない。同様に倉敷におけるジーンズメーカーの集積は，この地域での木綿関連産業が集積していたことは確認できるものの，ジーンズに特化した集積が形成された理由は明確ではない。

産業集積，あるいは産業立地は，本来経路依存的であり，厳密に因果が成立するのは立地条件が絶対的な制約となっている場合に限定される。原料が特定の場所にしか産出しないならば立地は限定される。しかし，その原料が輸送可能ならばその限定は緩和される。

集積は集積を生む。集積自体が集積の原因となる性格を持っている。このような効果は Zipf- 構造と呼ばれる現象として定式化される（日置［1998］）。集積は少なくとも原料と製品の販路に関しては効果が生み出される。この時に，分業が困難な製品と，可能な製品では集積の形態がかなり異なる。日本酒の集積では分業は限定的で個別の生産主体がほとんど独立で製造する。繊維産業や仏壇などでは非常に広範な分業が行われている。仏壇の場合には，木工だけではなく，漆，金箔，金具など多岐にわたる加工が必要で，それを担当する職人間の連携が必要とされる。一人の職人がすべてを作ることは不可能である。

これに比べると陶磁器の場合には器胎の形成と絵付けが主要な分業で，これに施釉と焼成が加わるが，一人ですべての工程を行うことは困難ではない。ここで注意しなければならないのは，現在のような単独の作家が自分の作品のみを焼成する小規模な窯はかなり新しく，四，五十年前では窯は共同で使用していた。燃料が松などの薪である場合は，大量の燃料を必要とするため大きな窯を築いて共同で使用することが合理的であった。窯での焼成は1年に数回にとどまり，産地の製造者が共同で窯を使っていた。陶芸家の近藤高弘氏への聞き取りでは京焼でも清水に登り窯が共同運用されていた。

燃料がガスや電気に変化すると小規模な窯が可能となる。小型の電気炉は小型冷蔵庫程度の大きさで，一人の作家が作品を焼くにはこの程度であっても十分に実用になる。もっとも，電気炉やガス炉では還元炎を得るための工夫が必要であり，現在でも，薪による登り窯も併用されている。景徳鎮では周辺の松材を刈り尽くし，石炭が大工場で用いられ大量生産されていた。窯の規模により，燃料が選択されるようになってきた。

かつては共同窯を運用する人間を窯元と呼び，現在の窯元が自立している

陶芸家を指すという用語法とはかなり異なっている。共同窯の時代には焼成を専門とする職人がいた。焼成は経験を必要とする一方で，1つの窯で焼成する機会は年に数回程度しかなく，窯焚きの職人は渡り職人として焼成を請け負っていた。また，有田では窯焚き職人が最も高い報酬を受け取っていたとされる。

　さらに，施釉も重要な工程で熟練を必要とする。現在の施釉工程はスプレーでの吹き付けも行われて，熟練の質が変化しているが，かつての施釉は非常に高い熟練と技能を必要とする工程であり，それを担当する職人は器胎形成や絵付け職人に比べて評価はされないものの必要性は明確である。波佐見では施釉職人の貸し借りが行われていたことも確認できた。施釉や焼成が独立した工程として自立できないことも明らかで，現在では，生産規模に応じた分業の再編成がなされている。

　器胎形成と絵付けに関して，それぞれを分業させるか否かは微妙である。作家として活動している場合には製品のロットが小さく，一人がすべての過程をこなすが，工業的に生産する場合には分業が一般的である。通常はその分業は生産主体（窯元あるいは工場）内にとどまり，窯元間で商品として流通することはない。しかし，有田では波佐見を下請けとして器胎形成を行わせてその器胎（生地と称する）を購入している。有田の場合には，大皿・鉢などの製品はかなりの程度まで規格化され，このために器胎での独自性はさほど要求されないことを反映しているといってよい。他方で日本の食器は向付をはじめとして多様な形を持つが，器の形をデザインするときに，絵付けと独立に形だけがデザインされることはない。

　これに対して景徳鎮の小規模高級磁器生産者の場合は，職人を意図的に器胎形成と絵付けに完全に分業させ，どちらかの工程しか習熟しないようにしていた。これは，職人が独立して自分にとってのライバルとなることを警戒してのこととされていた。景徳鎮陶瓷学院（現在は景徳鎮陶瓷大学に昇格）では，学生に対して，ろくろなど器胎形成と絵付けの両方を教え，自立して陶磁器を焼くことが可能な職人を育成している。分業が外部との分業だけで

はなく，内部でも分業構造が生じている。

3 | 集積からブランドへ

　日本酒の集積の場合は生産主体間の分業がさらに少ない。日本酒の蔵元は製造工程を外注することはなく，すべての工程を自分の蔵で行う。このために集積の効果は明確ではない。原料の米もそれぞれの蔵で調達し，販路もそれぞれの蔵で確保する。集積によってもたらされるのは季節労働者である杜氏などの労働者間の交流による技術情報や転職情報の交換があるが，西陣織のようなデザインや技法などでのイノベーションの伝達といったモノではなく，限定的であったと思われる。

　一般に集積効果として重要なのは相互評価である。製品についての評価が集積している同業者間で行われることでより高度な製品を作る動機づけがなされる。この相互評価はさまざまな集積で報告されている。例えば，最先端の技術領域の集積であるシリコンバレーでも相互評価が行動原理に組み込まれていることが伝えられ，ネットワークレピュテーションと呼ばれている。シリコンバレーの中で自分の製品や技術が評価されることが最大の報酬であり，利益を上げることは副次的であるとされている。産業クラスター内のメンバーから評価されることが行動原理となると，より高度な製品を作ることにドライブがかかる。集積を活性化する上に，さらなる高度化につながる。

　ほとんど同じ現象が西陣においても見出される。西陣では，高収益を上げた，あるいは企業を拡大したことではなく，西陣全体に影響を与えるような革新を遂行したことが評価される（西陣での聞き取り）。このことは同時に，技法やデザイン，原料などでの革新が速やかに伝播することを意味している。おそらく，倉敷におけるジーンズの集積と製品の高度化はこのプロセス，新しいデザインや加工技法が伝播していき，高度化がなされるという経過が急速に行われた結果と思われる。あるいは福井県におけるめがねフレームの集

積の高度化も，同様のプロセスをたどったといえるだろう。

　さらに集積により製品が高度化すると，集積地での立地自体がブランドとなる。そのブランドが有効ならば販売に大きく寄与する。景徳鎮はすでにブランド化しているといってよい。地域ブランドの成立はそれぞれの事情があり，ブランドがそのまま品質を保証するとはいえず，個別ブランドにおけるブランド維持の努力がなければ有効に機能しない。それぞれにブランドを維持するための努力がなされているが，ブランドが成立するためには品質管理が行われて，一定以上の品質が確保されていることが必要で，それを伝統産業でどのように実行するかは，さまざまなケースがある。その地域で作られたというだけではなく，ブランド付与は品質保証が必要である。

　以上のような集積の理由に対して，実際に集積が形成されて，高度な分業がなされた場合に，さらなるダイナミクスが起きる。集積内分業で分業が高度に発達すると，役割分担が変化する。

4 ｜ プロデューサーとメーカー

　クラスター内での製造過程が複数の主体で分業困難な場合と，細かく分業される場合ではクラスターの構造が異なり，機能的にも変化する。西陣は他産地と異なり，技法・素材などで圧倒的な多様性を持っている。例えば，結城は紬の産地であり，素材は絹のくず繭を紡いだ糸で日常着を作るために技法もある範囲に限定される。加賀友禅は友禅という先織り後染めの技法が先行して，産地としての特徴を持つ。技法や素材などの多様性を持つことがクラスターとしての強みであるとは必ずしもいえない。特定の様式に統一されていることのメリットも少なからず存在し，多くのクラスターは何らかの特性を共有していることが多い。

　陶磁器でも特定の様式がクラスターを特徴付けることが多い。信楽や備前は釉薬を用いないせっ器（炻器＝釉薬を用いず焼き締めたもの）としての特

徴を持つが，その様式をすべての生産者が採用する必然はない。ただし，産出する原料土の特性を生かした技法であることは明白で，高度な製品も作られている。特定の様式に収斂する必然は必ずしもなく，多様な様式が存在してもおかしくはないが，逆に多様な様式が併存している伝統産業集積は陶磁器では少ない。

　クラスター一般に拡張して考えると，特定の産業領域に特化していることが普通で，幅広い領域での集積があることはむしろ例外的である。シリコンバレーの集積はIT産業での集積であるが，かなり幅広い領域で集積が起きている。技術的にもソフト・ハード・コンテンツの領域にわたっている。また，東京大田区は町工場の集積であるが，これも広い領域の技術が組み合わされている。このような製品や技術が広い領域に渡って集積していることはさほど多いわけではなく，むしろ例外的である。

　繊維製品の集積としての西陣は，さまざまな素材や技法，さらに製品が作られており，西陣織という名称はあっても，それが特定の様式や製品を指すわけではない。西陣織を一言で定義すると，西陣の地域で作られている繊維製品の総称であるということになる。素材も絹だけではなく，木綿や麻，さらには毛織物まで含んでいる。このような状態は，都における需要に応えた結果であるといえる。京都には町衆といわれる有力商人だけではなく，御所や公家，さらに大きな需要を持っている寺社がある。このような多様な消費者に対して，それぞれの要請に応えていく必要がある。さらに朝廷や寺社については有職故実に縛られた様式を踏襲することが要請されており，極めて高度な技法・技術を維持することが必要とされている。

　このような西陣でのものづくりは，多様な技術を持つ職人がそれぞれに自立している。しかし，その中でものづくりを統括することが必要となり，それを専門とする存在が現れる。西陣ではそれを織元と呼んでいる。織元の役割は，製品を企画し，職人を組織し，必要に応じて職人に金融を付ける。織元は原材料の入手から，どのように加工して，最終製品がどのようなものになるかについての指示を行う。最終的には販売も行うために，一連の製造過

程の最終的な責任を持つことになる。つまり，製造に関するリスクを引き受けるといってよい。

　最終的に販売を担当するために，織元は機能としては産地問屋ということになる。一般的に，伝統産業で産地問屋はさまざまな様相を示しており，製造にどのように関わるかについてはかなりのバリエーションがある。西陣の織元はその中で最も製造に関与しているケースであるといってよい。これに対して，日本酒の産地では産地問屋が果たす機能はかなり限定的である。いわば，酒造メーカーの販売を補助するにとどまり，製品の仕様について酒蔵に対して指示するということはない。これは，日本酒の製造については実際に作ってみなければ品質はわからないという製造上の特性によるものだということができるが，むしろ理解としては流通機構の一部に徹底しているという点にある。形態としては実際に製造が行われている集積の中で流通の起点となっているという点で産地問屋は共通している。しかし，西陣の織元は深く製造過程に関わり，単にできあがった製品を仕入れて販売するという役割にとどまらない。

5 ┃ リスク回避

　織元の重要な機能は，リスクを引き受けるという点にある。原料の仕入れから製品の販売までを企画し，責任を取る。逆にいえば織元がリスクをとることによって，職人にはほとんどリスクが発生しないことになる。実際に，職人は生業的形態で作業を行っており，リスクをとることは難しい。生業を職業と生活が未分離な状態であると考えるならば，生業でリスクをとることは生活の破綻の可能性を生み出すことになる。その意味では生業は生活を破綻させないように低リスクの仕事は受けやすく，自分でリスクをとることは回避する傾向がある。

　もちろん，ローリスクに対してはローリターンしか期待できない。織元は

ハイリスク・ハイリターンという枠組みで行動する。このようなリスクの分担があることで，職人は自分の技能を向上させることに専念し，織元は職人を使い分けて製品の費用や質を考慮した製品を企画する。

　生業的生産の最も典型的な事例として，かつての三河の機業地をあげることができる。昭和50年代まで三河地方は綿布生産の集積地であった。農家の副業として綿布生産が行われていた。農家は戦後に織機を導入して，その機械が依然として用いられていた。極めて効率は悪いが製品のロットが小さいために，時間を掛けることでほとんど問題は生じない。製造を受注して，原材料と紋紙（織機への模様を織り出す指示を出す）の提供を受ける。賃機と呼ばれる形態での生産は，高度成長に取り残されて遅れたものであると評価されていた。そのために，当時の通商産業省の中小企業庁は経営指導として集約して協業化し，あるいは組合を設立して，規模を拡大し，自分でリスクをとってデザインを行うことを奨励した。しかし，その結果は惨憺たるもので，軒並み倒産するという結果になった。

　これはある意味では当然で，原料とデザインを問屋に依存するという生産の形態は，まったくリスクをとらないだけではなく，ほとんどコストが発生しない。コストとして計上されるのは織機を動かす電気代だけで，売上げのほとんどが利益となる。通常の企業であれば，従業員の人件費が大きな負担となるが，農家の副業として行われるために自分自身の人件費をゼロとしてもいっこうに差し支えがない。

　この点については，スコット・バーンズによる家庭内生産についての指摘がある（バーンズ［1978］）。バーンズはかつて家庭が生産主体として非常に大きなウエイトを持っていたことを指摘し，現在でも家庭内生産は外部の企業生産に対して少なくない規模を持つとする。バーンズはものの生産はほとんど外部に移行したが，依然として家事サービスの生産は家庭内で行われていることを指摘する。

　ここで，家庭内生産は外部生産よりも低コストであると主張する。その理由は企業での生産に対して家庭内生産は人件費の計上を不要としていること，

企業の場合に要請される減価償却を行う必要がないことをあげている。家事サービスの事例として，同一のサービスを家庭と企業が競合している場合は家庭の方がコストが低いと述べる。洗濯を例として考えると，消費者の選択肢は自分で洗濯する，コインランドリーに行く，クリーニング店に依頼するという三択がある。自分で洗濯する場合には人件費も減価償却も不要である。コインランドリーの場合は，人件費負担はないが機械の減価償却分は負担しなければならない。また，クリーニング店では人件費も減価償却も負担する必要がある。これを反映して，自分，コインランドリー，クリーニング店の順番に価格は高くなっていく。

　生業は家庭と同じコスト構造を持つ。三河の機業地でも極めて低コストの生産が可能であり，低コストを求めて問屋が注文を出してくる。どれほど安い報酬であっても，売上げのほとんどが利益になるため安く受注できる。この状態からリスクをとるビジネスに転換しようとしても，新たな設備の導入やデザイン能力などを獲得できず，ほとんどの場合に事業が成り立たなかった。生業的生産の状態であれば，転廃業はあっても倒産することはない。

　生業的生産に対抗可能なコストを大規模生産によって実現することはできないわけではない。しかし，そのためには極めて大きな製品ロットを必要とする。ファッション産業での製造ロットは小さく，色違いやサイズの違いまで含めて小ロットの製品がほとんどである。小ロットでかつ低コストを実現するために，ファッション製品を扱う問屋が三河の機業地を求めたといってよい。

　一般に，職人は小ロットを前提としている。大ロットが成立していれば専用機を開発して，大規模生産を行うことで低コストが実現する。現在，消費の多様化個性化でロットは小さくなる傾向にあるが，他方で巨大ロットも存在する。例えばインスタントラーメンなどの消耗品は巨大な生産量となる。この場合には，個別の品目ごとに専用機が成立して，人間はまったく手を触れることなく製造が行われ，製造過程において個別の作業者の技能が問題になることはない。現在の技術では巨大ロットを前提とした自動機械の開発は

可能である。問題は，開発費用の回収と減価償却が可能であるかにかかる。開発費に見合うだけの需要があり，それだけ利益を得られるかが判断基準となる。

この意味で生業的生産は小ロット生産という条件に適合したリスク回避型ビジネスモデルであるといってよい。高度成長後期からその後の通商産業省の政策は，このビジネスモデルの意義をまったく理解しないものであった。ローリスク・ローリターンというビジネスモデルが成立するだけではなく，これはしぶとく生き延びるモデルであることが理解されてよい。つまり，集積の中でリスクをとる存在だけが問題であるのではなく，リスク回避するメンバーが存在することが大きな要因である。リスク回避を行う生産主体をいかに使いこなすかが効率的生産の焦点になるだろう。単品生産あるいは小ロット生産による高度なものづくりは小ロットに適合的なビジネスモデルを要求している。

西陣の集積は，このような中で小ロットの高級な製品の製造に適したビジネスの形態を生み出した。それぞれビジネスモデルが分岐し，リスク分担が行われ，織元がリスクテイカーで，職人はリスク回避者として機能するようになっている。織元が製品企画から販売までのリスクをとり，職人は加工に専念する。リスクの軽減は，加工技能の向上を最重要の関心にする。このようなロットに応じたビジネスモデルが成立することは当然であるが，二十世紀に開発された大量生産という大規模生産のビジネスモデルの成功が強烈であったために，大量生産が標準的・一般的な生産のモデルであるかのように思われることが少なくない。現在の時点で，かつてのような大量生産（フォードモデルを典型とする）が可能な製品は極めて少ないことを確認する必要がある。

大規模生産の中にいくつかの様式があり，大量生産という様式以外にも多品種少量生産などが存在する。さらに，大規模生産に至るまでの試作段階で単品，もしくは小ロットでの生産が不可避である。大規模生産であれば，製造方法はプレスで金型を起こすが，大規模生産に至る試作段階では金型を起

こすのではコストが高くなりすぎ，切削や曲げ加工で試作品が作られる。この段階を担当するのが，大田区での集積であり，職人的な技能が要求されている。

　しかし，注意しなければならないのは，大田区にはリスクテイカーは存在しないという点である。大田区の町工場は試作部品を受注して製造する。自分でリスクをとって自社ブランドを持つわけではない。典型的には痛くない注射針を作ったといわれる岡野工業も，医療機器メーカーテルモの発注を受けてごく細い注射針で円筒ではなく，先細りになる円錐に近い形に針を成形する加工を引き受けている。岡野工業は絞り加工によってそれを実現するが，大規模生産が実行されるときには製造方法は絞り加工などという手間のかかる方法はとらない。製品が実際に製造可能であり，それが実際に機能することを確認するために試作が行われたわけで，使い捨ての注射針を絞り加工のような手作業で作っていたのでは商品にならない。

6 ┃ クラスター内リスク分散

　集積にとって，リスクテイカーがどの程度存在するかによって特徴が決まると考えることもできる。日本酒の集積や福井のめがねフレーム，倉敷のジーンズなどの独立の主体から形成される集積は多数のリスクテイカーを持つと考えられる。他方で，大田区や東大阪などは，集積内部にリスクテイカーがいない。東大阪では人工衛星を打ち上げるといった試みはあっても，技術的可能性を探るための試みで，それが直接の製品開発ではない。

　この両者の中間にある西陣は，少数のリスクテイカーが集積の中で製品企画を行うという集積の特徴を示す。シリコンバレーの場合には，どの企業がイニシアティブをとりリスクをとって新製品を開発するか，先端技術であるため技術が確定せず，専門的なリスクテイカーは明確ではない。ハードウェアが革新される場合も部品からの要請でCPUが変化することもあれば，そ

の逆もある。また，ソフトウェアがハードの変化を要請することもあり，コンテンツがソフトの変化を引き起こすこともあり得る。どの領域から革新が起きても不思議ではない状況にある。明確にリスクテイクを専門とする役割分化がなされているわけではないと思える。

あるいは，IT の世界は最終製品の構想が不要な技術段階にあるといってよいかもしれない。技術革新が続いている状況では，最終製品そのものが構想できないという状態が続いたといってよいだろう。誰もが革新を引き起こしその革新での成功が可能であった。技術開発が一段落した段階で，初めて最終製品を構想する状態になる。シリコンバレーが産業クラスターとしてもてはやされた時期は，産業集積として特異な状況であったともいえる。

ここで，リスクをとって最終製品を企画する存在をプロデューサーと呼ぼう。プロデューサーは製品を企画し，製品が製造するプロセスを統括する。これに対して，実際に製品の加工を行う存在をメーカーと呼ぶ。すでに述べた西陣を典型とする産業集積では，この区分が明確になされ，リスクの分担が行われている。大田区の集積は，プロデューサーが外部にいるという形態と考えてよい。日本酒やめがねフレームの集積では，それぞれの機業がプロデューサーとメーカーを兼ねていると理解できる。

この区分は産業集積だけではなく，企業間の役割分担に拡張される。組み立て産業におけるアッセンブリーメーカーと部品製造企業の関係は，これまで下請け関係や系列として論じられてきた。大企業が効率的で高収益，高報酬であり，中小の部品メーカーは低効率で集積性も低く，給与も低いとされてきた。いわゆる二重構造論であり，その原因は規模の経済で説明されてきた。しかし，製品企画はアッセンブリーメーカーが行い，その企画に従って部品企業が加工すると考えるならば，この区分はプロデューサーとメーカーという区分になる。この場合の説明は，最終製品の販売を担当するアッセンブリーメーカーがハイリスク・ハイリターンの構造になり，より多くの利益を獲得する。他方，部品メーカーはローリスク・ローリターンになる。

また，企業間の生産過程も一社ですべての生産を完結する形態から，複数

の企業が提携して生産する状況が増大している。早くに行われたのは OEM（Original Equipment Manufacturing）という形態で，同業他社に製造を委託するというものであった。同業他社に製造委託するのは，設備投資や従業員雇用の負担なく製品を入手できるという効果があり，製造を受託するのは操業度を上げて投資回収を早めるという効果を持つ。さらに，受託生産であるために作っただけ売れることになる。リスクを負担しないことでさらに低コストになる。

　この方向がさらに進化したのが EMS（Electoronics Manufacturing Services）である。エレクトロニクス製品を製造するプロセスは，基盤の上に IC チップを搭載して配線し，それにインプット・アウトプットの部品をつなげて，筐体（きょうたい）と呼ばれる箱の中に入れるというものである。この部分はどのようなエレクトロニクス製品でも共通で，パソコンだけではなく，タブレットやオーディオ機器であっても共通する。EMS はこの共通部分を製造受託する。エレクトロニクス企業は自社が設計した IC チップによる製品を企画し，実際の製造は EMS に委託する。製造で最もネックになるのはチップの基板への搭載と配線である。これを行うのはマウントマシーンと呼ばれるコンピュータ制御の自動搭載機械であり，極めて高速に基板の上にチップをのせてチップ間を配線していく。コンピュータでのプログラムが整備できていれば，製品のロットに関係なく生産される。

　同様のことが IC チップ生産に起きている。ファウンドリと呼ばれる企業群が IC チップの製造を受託する。製造委託企業が回路図をファウンドリに渡し，その回路図がチップとして実現する。IC 製造装置は極めて高価になってきており，自社で保有してもフル操業するとは限らない。このために，各社からの発注を集めて，操業度を高めるビジネスがコスト低下を実現する。このビジネスは各社からの注文を集めて製造を行う。いわば，社会全体にとってのインフラストラクチャーとして機能する。数社の EMS と数社のファウンドリが存在すればすべての IC チップ，エレクトロニクス機器を製造することが可能となる。

日本のエレクトロニクス産業が低迷している理由はこの点にあるといえるだろう。日本企業は，依然として自分の企業内にすべてのプロセスをそろえることに強い選好を持っている。自分自身の中にフルセットの製造プロセスを持っていても，それをフル操業できるだけの商品がなければ，過剰設備になり，コスト増要因になる。

自動車産業の場合には，日本企業は部品メーカーに部品製造を外注し，最終組立を行うアッセンブリーメーカーが販売を担当する。リスクテイカーとしてのアッセンブリーメーカーと，リスク回避者としての部品メーカーという分業がなされて，これが大きな効果を生み出した。アメリカの自動車会社が部品内製率を高め，付加価値を最大化しようとする方向に進んだが，日本企業との圧倒的なコスト格差にいたった。一貫生産ではなく，外部との分業が効果をもたらしている状況にある。

他方で，フルセットで持っていることのメリットも想定可能である。それは，まったく新しい技術段階に進んだときに，すべてのプロセスに習熟していることにメリットが生じる可能性が高い点である。しかし，そのような状況が現れるかについては予想がつかない。

EMSやファウンドリの形態が社会インフラになり，大半のエレクトロニクス産業が利用するようになれば，インフラの更新としての性格が強くなり，一社だけで革新を実現することは難しくなる。その意味では，日本のエレクトロニクス企業がフルセット主義に陥っているのは大きな問題である。

このように，コンピュータの能力を生かして，小ロットでも大ロットでも同様の生産性を上げる大部の大規模生産が生まれている。IC関係だけではなく，商用のCD生産も同様である。コンテンツにかかわらず，音楽CDでもコンピュータソフトでも，また，ベストヒットの音楽コンテンツであっても，セルフリリースの私家版であっても同じだけの時間で製造される。これは，CDにしても，ICにしても，あるいはエレクトロニクス製品の基板にしても，統一された規格がプラットフォームとされており，その規格に従って，内容をコンピュータで制御することでロットに関わりのない生産性を上げて

いるといえる。このタイプの大規模生産を，プラットフォーム型大規模生産と呼ぶことができる。近い将来において，書籍の印刷などもこのタイプの生産に移行することが予想される。

　複数企業が製造に関わり，単一企業ができるだけ多くの工程を自分で行うというタイプのビジネスモデルを二十世紀型ビジネスモデルと呼ぶことができる。大量生産に代表されるこのタイプの大規模生産は，徐々に衰退してゆき，世紀が変わる頃に陳腐化したといってよい。そのために二十世紀型ビジネスモデルという名称が適当であるといってよいが，それが次第に陳腐化している状況にあるといってよい。すでに古典的な大量生産はほとんど見られず，巨大ロットになれば機械による生産に置き換わり，人間は製造過程に関与しなくなっている。複数の工程を分割して，それぞれを担当する企業が成立する状態になっている。

　この中で，リスクの分担が行われ，企画するプロデューサーの役割が次第に明確になってきている。

7 ｜ プロデューサーという役割

　プロデュースという役割はこれまであまり重視されてこなかった。技術がまず優越して語られ，次いで技能を問題とするようになっている。新規な製品が導入されるためには技術的可能性が製品の実現に必要であることは言うまでもない。さらに，その技術的可能性は手仕事の技能を背景としていることが多く，技術的可能性を製品として実現するための技能が問題とされる。多くの場合，技術の展開は非連続的で，ある飛躍がなされるとそれが定着するまで技術は同一水準にとどまることが普通である。プロデュースはこの平坦期に有効であると考えられる。

　技術的には競合条件はほとんど差異はなく，競争上の差異化の条件が品質や価格に移行するコモディティ化が進行する中で，最終製品をどのようなも

のとして構想するかというプロデューシングが大きな意味を持つ。具体的な事例としては，スティーヴン・ジョブズによる一連の製品群をあげることができる。ジョブズがアップル社に復帰して以降の製品は，技術的に他社を優越するという以上に固有の特徴を持たせ，製品の存在をアピールするものであった。タブレットという製品は，技術的にはほとんど新しいものはない。しかし，その独自の使用感はまったく新しいもので，それによって使用者に新たな経験を与えるといってよい。あるいは，iPod は音楽をダウンロードするというスタイルを生み出した。自分のために好みの音楽をネットから取り出すという経験を与えるという製品は，ネットから音楽を選択するという新たな経験を与えることになる。

　ジョブズはプロデューサーとして天才的であるといってよく，既存の技術の組み合わせでまったく新しい製品を構想した。ジョブズの構想力は，製品の最終的なディテールに至るまで発揮され，それを手にする消費者が自分が何を欲しいかを教えるものであった。この状況は，現在消費の欲望が飽和状態にあり，自分自身が何を欲しいかを消費者は自覚していない状況に対応する。これまでマーケティングでは，消費者は自覚的に自分自身の欲求を理解している前提がなされていた。つまり，基本的な概念はニーズ（必要）であり，それは自覚できるものであった。

　ところが，豊かな社会になると，消費は飽和状態になり，必要であるから購入するのではなく，欲しいから購入するという状態になる。マーケティングではニーズではなく，ウォンツに対応しなければならないと論じられるようになった。つまり，消費者は目の前に製品を差し出されなければ，それを欲しいか否か判断できない状態になっている。新しい技術が開発されたとしても，それが製品として結実するためには具体的な製品についての細部までの構想が必要である。すでに存在する製品であれば，競争上の差異を無理にでも作り出すことが必要となり，差異化のために些細な機能の付加やデザイン上の差異が作り出される。製品のコモディティ化の究極は，差異を見出すことが困難になり，価格競争に陥るとされる。

プロデュースという機能は，どのような製品を構想する場合にも必要であるが，それが決定的な場面とさほど必要ではない場面が存在するといってよい。ニーズに対応する場面では，製品の機能的側面が重視され，製品がどのようなものになるかについてはほぼ自明である。これに対して，ウォンツが問題となる状況では，どのような製品にするかについてはプロデューサーの決定の余地が大きく，そのプロデュース能力が決定的となる。ジョブズの一連の製品はIT機器が技術開発では平坦期に入り，さらに技術の応用可能性が十分に追求されていない時期に現れたもので，プロデュースの余地が大きい段階で消費者からの圧倒的な評価を受けた。技術的には新しいものはさほどないとしても，天才的プロデューサーは，世界全体を変えたといってよい。

コンピュータは本来計算機であったはずだが，計算機能とまったく関係ない，情報の受け皿としてのタブレットという製品を生み出した。われわれは情報社会といいながら，情報の受け手にはなっても，メールやSNSなどの限定した情報発信しかしていない。それに対応した情報機器がタブレットであるといえる。情報の受信を中心に送信も行える程度の機器という発想自体は，さほど困難なものではない。しかし，iPadのあの使用感，機器と人間の相互作用をイメージすることによって，単に機能を提供するだけではなく，新しい世界を提供している。同様に，iPodは音楽をネットからダウンロードするという新たな世界を拡げた。

ジョブズの製品構想，製品プロデュース能力は天才的であるといってよいが，そのジョブズが目標としたのがソニーであった。ジョブズはとりわけ，ソニーのウォークマンを想定してその製品プロデュースを評価していた（ケイン［2014］）。ウォークマンもまた，既存技術だけで新しい製品を構想したといってよく，ウォークマンの開発でソニーが取得した特許は1つだけであったことが伝えられている（黒木［1998］）。その特許とは，ステレオミニジャックで，1つのプラグを差し込めば，左右のイヤフォンにそれぞれ音声信号が分岐する。それ以外は，まったく既存技術の組み合わせであった。

この開発に当たっては，井深大の関与はかなりのものであったことも伝え

られ，盛田昭夫も製品のネーミングなどで発言があったことも伝えられている。要するに，創業者たちがプロデュース能力を発揮したといってよい。

現在の日本のものづくり政策では，このプロデュース能力はまったく考慮されていない。他方で，クールジャパンとしてコンテンツやサービスのレベルでのプロデュースを考えることが行われている（太田［2014］）。ものに関連するクールジャパンについてはプロデューシングがなされても，その範疇から離れた場合には対象にはならない。政策としては統一されていない。

技術や技能中心のものづくりでは，日本企業のものづくりは早晩行き詰まると考えられる。技術進歩が次第にビッグサイエンスと連関しはじめ，単独企業での製品開発が困難になりつつあるという状況にある中で，プロデュースという機能を明確に意識した研究や教育が必要となっていることについて警鐘を鳴らすべきだろう。

プロデュースの定型はおそらく存在しない。状況に応じて最終製品を構想する必要があり，マニュアルに落とし込めるものとは思えない。しかしなおかつ，プロデューシングの教育は可能であるだろう。過去に行われたプロデューシングの成功例やプロデューシングの成功者の事例を追求することによって，少なくともヒントは得られる。意識的にプロデューシングの能力を高めることは緊急の課題であるといってよい。いかにして製品をプロデューシングするかという議論は，これまで経営学で論じられたことはないが，これは，技術進化が急激であり，それを意識する以前に技術のプラットフォームが変化することが多く，機能や価格での競争しか意識されなかったといえるかもしれない。しかし，消費が飽和して，消費者が自分の欲しいものを明確に持っていないときに，製品の構想能力はどうしても必要とされる。

8 ┃ 産業クラスターにおけるプロデューサー

西陣では産地問屋である織元が高いプロデュース能力を保持している。こ

のことが高度な製品を作る場合の要件となる。織物は複雑で多様な製品であるために，専門のプロデューサーが必要になったともいえるが，現実にはリスクを負う経験が有効に機能しているといってよい。織元は西陣で100年続くことは稀であるとされる。高いリスクの反映である。同じ繊維問屋でも室町の問屋は消費地問屋に相当する。こちらの方は300年以上続く企業も珍しくない。すでにできあがった製品を仕入れて，小売に流すという消費地問屋の役割は，流通機能であり，製造に直接関わる産地問屋に比べてリスクが低いことをものがたっている。

　現実の問題として和服でも流行があり，その意味ではファッション産業であるといってよい。ファッション産業で100年継続してトップ企業の地位を占めることが困難であることはいうまでもない。伝統産業であることは，一定の様式を墨守していればよいわけではない。むしろ，伝統を現在の状況に適合させていくための新規の試みは必須である。その意味では，西陣で織元抜きに製造は考えられない。西陣以外の繊維産業集積では，産地問屋はあっても西陣の織元ほど明確なプロデュース機能を持っているとはいえない。大島や結城<ruby>結城<rt>ゆうき</rt></ruby>などは，それぞれの生産主体が独自のデザインを工夫しており，産地問屋は流通機能に専念して製造過程に介入することは少ない。また，この傾向は日常用途の普及品が駆逐され，ほとんどがかなりハイエンドの製品になっているために，個別の生産者が独立の小ロット生産を行う作家としての活動に移行しているために，セルフ・プロデュースの傾向は増幅される。

　この点は，陶磁器産業の集積でも同様である。京焼は西陣と同様に非常に多様な技法，様式が含まれる。陶器もあれば磁器もあり，染付，赤絵，織部などの様式があり，楽焼も加わる。この中で産地問屋はかなりの程度までプロデューサーとして機能している。陶磁器では繊維産業ほどの分業はないために，プロデューシングのプロセスは見えにくいが，職人を指揮して製品を構想している。多くは産地問屋として，とりわけ大口の受注や新製品の開発の過程では何度も試作を重ねて製品を作り上げていく。職人に任せて自由に作らせることはない。

このような産地問屋による積極的な製造過程への関与がどこの産地でも行われているわけではない。また、それぞれの産地ごとに生産に関わる形態がかなり異なっていることも注意する必要がある。陶磁器集積では、大規模な企業が存在して工場での生産が行われるだけではなく、中小の窯での小規模な生産があり、さらに個人で作家活動として生産しているケースもある。また、特定の窯に所属するのではなく、必要に応じて手伝いをするという形態の労働もある。

現在は小規模な窯が可能であったが、薪を燃料としていた時代で、多くの燃料を消費する窯焚きの機会は限定されており、共同の窯で大量に焼く形態であった。このために、窯の所有者の主導権はかなり強く、西陣における織元に対応する窯元として機能したことが想定できる。現在では小規模な電気炉での焼成とセンサーを用いた温度管理が可能で、窯焚きが特殊な技能ではなくなっている。これに対応した小規模な窯が成立すると、集積の中で芸術家を目指す小規模な製造主体も可能となる。

このような作家志望者の多くは、美術大学などの専攻から陶芸を職業に選択したものであり、小ロットでの生産を行うことになるが、生活を維持するためには作品が売れなければならず、芸術志向だけで生産を維持できることを期待できない。このために、他からの注文を受けた下請けとしての生産が必要となり、集積の裾野を形成することになる。

大ロットで生産する企業では、大量に同じ規格の製品を作るために、生産方法としては型を起こして粘土を流し込むという方法（モウルド）をとる。また、絵付けについても印刷した紙を貼り付け、模様を写し取り焼き付けるという製造方法（ステンシル）になる。このような方法はヨーロッパで発達したものであり、J. ウェッジウッドの時代にはほとんど完成されていた。現在、イギリス、ストーク・オン・トレントのウェッジウッド工場に行くと、ろくろは存在しない。すべて型流しで生産されている。

もっとも、ヨーロッパにおける磁器生産の頂点であるドイツマイセンでの器胎形成はすべて型流しであることも注意すべきである。均質な製品を作る

ために型が用いられたという可能性は強く，例えば，宴会でも王宮で行われるような宴会では食器は均質であることが求められ，同様にホテルや客船での食事もまったく均質な食器を必要とするために型流し，ステンシルがなされていると考えることもできる。食器として美しいか，実用的かという要件に加えて，同一に作られている必要が生じる。この意味で，王室御用達という看板は，王室の宴会に用いられる器であることを意味しており，王族が日常で用いる器を提供するという意味ではない可能性を指摘してよい。

　もっとも，マイセンの場合には，型による生産が行われた主たる理由は，マイセンの最初期において磁器生産がめどがついた時点で，器胎の製作の責任者は銅器の製造技術者であり，ろくろを知らない人間であった。このために，マイセンではすべての製品が型を起こすというプロセスで生産され，たとえ単品生産であっても型が起こされている。ロシアのエカテリーナ女皇が自分のペットである犬の陶人形の制作を依頼したときも，型を起こして生産したために，現在でもその製品は再現可能である。

　型流しやステンシルの技法は大ロット生産に対応する。ウェッジウッドやマイセン（絵付けは手生産）などのようにロットが大きい場合には，一般的に行われており，精密に作られた製品はよほど習熟しなければどのように作られたかの判定は困難である。日本でも型流しやステンシルは伝統産業での技法として認められている。このために，大ロット生産で求められる技能と，一品ないし小ロットで求められる技能は大きく異なる。現在，日本の陶磁器生産の集積地における技能者教育，例えば陶芸学校では，この両者に対応可能な技能が教えられている。機械生産に求められる旋盤の技能など大規模生産における型製造の技術と，ろくろの単品生産の両者が教えられる。現在の陶磁器生産の状況からは，よほどの製品を作り出せなければ作家としての自立は困難で，大ロット生産の中で生きのびるための方策が必要である。

　芸術志向の作家活動を志しても，生活を維持するための収入を確保できるためには，実用的な器を商品として持つことが必要であるが，一般的には食器は単品ではなく，セットになっているので，製造としては同一の製品を作

ることが求められる。型を起こしたり，ステンシルの印刷原版を作るか否か
はロットによって決定される。かなり高価な製品であっても，型流しや貼り
付けの技法が用いられている。一般の消費者がろくろ成形であるのか，ある
いは型流しであるかを見分けることは難しい。大きなものであれば，いくつ
かの部品に分けて型流しをするので，その接合を見ることでわかるが，食器
のサイズでは見極めは困難である。

9 ｜ 高度製品の価格形成

　製造ロットで分業が異なる状況は先端技術における大規模生産と試作とほ
ぼ同じ関係である。大量生産を行うためには試作が必要であり，そのための
試作室といった存在がかなり以前の大規模工場では存在した。それが大田区
や東大阪などの中小企業集積に委託されるのは，極小ロットの生産はコスト
からいえば大規模生産の体制とは相容れないもので，小規模生産をコストに
見合うものとするためには外注が最も有効であることになったといえる。小
ロットあるいは単品生産は手作りで行われ，大ロット生産は機械による生産
という区分は，先端産業でも伝統産業でも同様である。製造ロットの規模が
製造方法の判断基準となっていることは明らかである。この点もプロデュー
サーが配慮することになるが，例えば，陶磁器での器の注文が200程度であ
れば，ろくろによる手生産の方がコストが低く，製品にもよるが型を起こす
のはその量を超えたあたりからであるという。

　さらに，ここで確認しておく必要があるのは，日本における陶磁器の需要
は世界的にはかなり異質である点である。日本では，陶器と磁器はほとんど
等価に評価されるが，世界的には圧倒的に磁器が高級で，陶器はより低品質
なものとされている。また実用的な器に対しての評価よりも，実用を超えた
技能を必要とする陶人形や大瓶が高く評価され，生産の品目になっている。
日本では実用の器が生産の中心であり，インテリアの用途の陶磁器生産はさ

ほどではない。有田などの大皿は確かにインテリアになり得る飾り皿であるが，そのような皿も皿鉢料理など，実用にも用いることが可能であることも留意する必要がある。中国やヨーロッパにおける実用とはまったく関係のない陶磁器製品は日本ではあまり見かけない。

このような日本での陶磁器についての美意識は，かなり中国やヨーロッパのものとは異なっており，その主たる理由は茶道にあるといってよい。中国出身の彭丹［2012］は，日本で曜変天目が国宝となっていることに違和感を覚え，中国ではこの美意識は成立しないし，それが景徳鎮で作られたとしてもそれの伝世もないとする。茶道の美意識は，歪んだものや均整のとれないものを美として評価する。日本の陶磁器の中で最も価格の高い製品は茶道具であり，その流通や評価基準は他の陶磁器製品とはかなり異なっている。多くの陶磁器作家がそれを意識していることも明らかである。

茶道具としての抹茶碗や水指，あるいは香合などの製品の多くは陶器であり，磁器が使われることは少ない。最も高価な製品が陶器であるという状況は他の文化ではほとんど見られない。さらには，陶器ですらない備前や信楽などのせっ器が国宝となり，きわめて高価で取引されている状況はおよそ考えられないといってよい（彭［2012］）。

景徳鎮での評価はかなり単純である。大きいもの，均整のとれたもの，手の込んだものが評価される。他方で，評価者が誰であるのか，価格を決めるのは誰かという点ではかなり複雑である。工業的に生産される普及品については原価が計算可能である。それに従って価格が決まり，それが売れればそれでよく，売れなければディスカウントの対象となる。しかし，ハイエンドの単品については原価計算とは関係なく値段がつく。これを需要と供給で説明することは困難である。誰の作品にどのような価格がついたかという情報が価格の基準となり，あの作家でこの値段であれば，これはいくらといったように，相対的な価格形成が行われているといえる。

一般的に，高度製品を作る場合にプロデューサーが制作者とは別に存在していなければならないわけではない。プロデューサーがいなくとも，どのよ

うな製品を作るべきかについての明確な指針があれば，ものづくりは高度化する。様式が確定していて，その中でのものづくりならば，技術・技能が安定的であるならば革新的な製品が求められているとはいえず，その中での高度化が進行する。

　陶磁器の産業集積は多くの場合，様式を特徴付ける枠組みが安定的に推移してきた。原料土の特性や，技法の蓄積によるものであると考えられるが，砥部は砥部の様式，益子は益子の様式で作品が作られ，それから大きく外れた陶器は作られていない。これは産地間競争がさほどなかった時代に確立した様式がそのまま引き継がれたものであるといってよい。各地の産地の中で様式が多様で，産地内に複数の様式があり，その使い分けが必要であるのは京焼のみであるといってよい。

　京都ではさまざまな需要があり，それに対応することが必要である。それに対応する陶器と磁器の区分，さまざまな有職故実の決まりへの対応，それに加えて茶道家元の存在が陶磁器集積としては特異な状況を作った。茶道の美意識は独特であり，それに直接応えることは京焼以外の集積では求められていない。逆に言えば，京焼はプロデューサーを必要としているといってよい。製品を企画する場合に，どのような技法を動員するかについての判断を必要とし，その技法を持っている職人を組織し，最終製品を作り上げていく。

　さらに，西陣織は明確にファッション産業であり流行があるが，陶磁器の世界にも茶道における家元の好みという形での流行が存在する。多くの陶磁器産地はこの流行に対応する必要はないが，京焼では当代の家元の好みに対応する必要がある。この好みがどのように形成されるかは，タテマエ上は当代家元が好みを職家（千家十職などの作家）との会合で指示が出すことになっているが，それを演出するプロデューサーがいると推測できる。茶道の裾野は広く，陶磁器だけではなく木工や漆，竹など広範な領域についての知識が求められ，単一のプロデューサーで完結するかについても疑問である。

　さらに，市場が限定されていた状態から全国規模の市場に拡大したときに，器の需要の構造を的確に判断して製品を生み出していくことが求められたと

思える。産地間競争についても，プロデューサーがどうしても必要であった
かとはいえないだろう。産地間競争を意識するのは産地問屋と消費地問屋の
相互作用であり，個別の製造主体は産地間競争の存在すら知らない状態であ
ったろう。

10 みやこ性

　多くの産業集積でプロデューサーの存在は必然ではなかったと思われる。
製造における選択肢が多様で，選択の余地があり，その選択の中での製品の
構想が必要な条件は，都のように多様な消費者がいて，消費者の側にも選択
の余地がある条件ではじめて発揮される。現在の消費の状況，すでに必要な
ものは満たされており，その中で自分の個性を発揮するための消費が求めら
れているような状況において，製品をどのように設計するかを指示するプロ
デューサーが求められる。

　江戸時代での上方製品の優位は明白で，下りものとして関東に移出され，
圧倒的な競争力を誇ったが，その主たる要因は多様な消費者への対応が必要
で，そのニーズに対応する製品の多様さに京ものは特徴付けられている。

　例えば，陶磁器や西陣のファッションだけではなく，日本酒についても伏
見の集積は灘とは異なる多様性を持っている（藤本・河口 [2010]）。灘・伏
見と併称されているが，この両者とも当初はより北方の池田や伊丹，あるい
は京都市内が酒どころとして知られており，灘の場合には池田・伊丹と同じ
地下水系の灘に江戸への積み出しの便から移転していった。また，京都市内
は天明の大火などをきっかけに伏見に移転していった。灘は硬水であるため
に集積全体が理想とする酒のタイプがほとんど同一で，辛口のすっきりタイ
プを目指して作られる。伏見は特定の特徴があるわけではないが，灘と比較
するために総称として，「灘の男酒，伏見の女酒」といわれている。

　このような京都の伝統産業集積の多様性は，いわば「みやこ性」とでも呼

ぶことのできるものであり，都としての特性から，単に消費者の好みだけではなく有職故実に対応するためにも多様な製品が求められたといってよい。この条件に対応するために，織元や京焼の問屋のようなプロデュース機能を持つ存在が生み出されたと考えられる。現在では競争上の必要から意図的な差別化が必要とされるが，社会階層を表示するための差別化が服装や使用する道具の中に組み込まれていた名残が京都の産業集積における多様性を作り込んだと考えてもよい。ただし，制度化されていたとしても消費者の選択が存在して，それがプロデューサーを生み出す要因であった。

　景徳鎮の現在はプロデューサーが存在しない。これは現在の景徳鎮が極めて特異な状況にあるといえるためである。景徳鎮は社会主義経済下では大工場に編成されていた。すべての磁器生産の従事者は複数の大工場の労働者として扱われた。その中で規模の経済が追求され，大規模生産と分業が進行していた。これはイデオロギーとして大量生産の様式が社会主義に適合的であるとされ，高度な品質の小ロット生産を行う製造主体は駆逐された。

　中国における社会主義制度は大企業への編成を前提としていた。小規模生産が適合的な形態であっても，大企業に編成することがなされた。農業が人民公社に編成されたように，生産の制度はすべて集団の内部で行われるものとされ，自営業が失われた。本来小規模な個人営業で行われるような業態も大企業に編成することが行われ，例えば，理髪店が上海で一社のみとされ，名目上個別の理髪店はその支店として扱われた。このように無理に名目的な社会主義化が行われた。その中で，景徳鎮も大工場体制に編成された。しかし，単品製作が失われたわけではなく，幹部や外国国賓のための製造がなされ，高度技法はかろうじて生き延びた。

　改革開放と呼ばれる時期に入ると，大工場から技能保持者の独立がなされていく。高度な技能を持って単品，もしくは小ロットでの生産を行っていた技能保持者にとっては大工場に所属している意味はほとんどなく，自分が作ったものを販売することで高収入が期待できた。とりわけ文化大革命の時代にはイデオロギー優先の作品が作られて，イデオロギーが優先して，美的な

ものを追求するという方向が否定された。

　近年になって高所得層が現れてくると，陶磁器の需要はさらに高まる。中国ではインテリアへの関心は極めて高い。マンションなどではスケルトン販売と呼ばれているむき出しのコンクリートの状態での販売が基本であり，内装は購入者が行うことが普通である。内装についての関心は高く，内装にマンション購入価格以上の金額を掛けることは珍しくない。そのインテリアのアイテムとして陶磁器が用いられる。磁器の大瓶や陶人形など，大型の磁器製品が好まれる。しかも，かつての文化大革命期に，これら大型で目立つ製品はことごとくといってよいほどブルジョワ的であるとして壊され，古いものは希少になっている。それを再度求めることがなされ，景徳鎮での需要が生まれた。かつて持っていたものを復旧しようという大きな需要が現れた。

　さらに，官官接待など接待の風習が一般化し，景徳鎮製品が好適の贈答品として用いられた。このために，景徳鎮の窯業が活性化してきた。人口が増加し，景徳鎮市長の評価が高まり，中央幹部に登用された実績の実体は，官官接待と高所得層のインテリア用の磁器による需要増であるように思われる。個人でも企業などの法人でも，人の背丈ほどの瓶や陶人形をインテリアとして飾るという需要は少なくない。その需要が一巡するまでは景徳鎮にプロデューサーは必要がない。

　つまり，基本的に現在の景徳鎮製品はこれまでの製品デザインの写しである。それが壊されてしまったので，再現すれば売れる状況にある。このために，美術館に保存されていたもの，海外に流出していたものをモデルとしてそれを再現すれば売れ，自分で製品を構想する必要は小さい。

　さらに，景徳鎮の美意識や評価基準は日本と大きく異なる。日本では茶道の影響が強く，器としての実用に耐えることが求められ，その中でのバリエーションが評価されるが，中国では実用的な器はほとんど評価の対象ではなく，実用から離れた大きな製品，瓶や陶人形が高く評価される。大きなもの，精緻なものなど，それらが評価基準のように見えるが，実際は，手が込んでいるとしても全体の美的価値とは関係のない技能の誇示でしかない場合が多

い。これは日本でも同様で，加賀の赤絵など極めて精緻な技能を誇っているが決してそれが評価基準とは思えない製品も多い。

　現在の景徳鎮はプロデューサーを持たず，どのような製品を作るべきかについては，当面は古典の写しだけで十分対応可能である。しかし，ある種の危機意識が浸透していることも明らかである。景徳鎮では大工場が消滅し，技能に優れた人間は独立して小規模な工房を持つようになり，その中で評価が高くなると，経済的に成功を収める。それが刺激となって，独立を求める層が増大していく。かつての工場では大規模な窯が焚かれていたが，燃料が次第にガスや電気に変化することによって小規模な焼成が可能となり，結果として独立が促進された。成功を夢見る層が小型冷蔵庫程度の電気窯を求めており，それを製造販売する専門店が集積して専門店街を形成している。

　この景徳鎮の状況は，現在の好況（ブーム）の実体が単に古典の写しだけで十分に需要が存在するという特異な段階である。景徳鎮で見られたのは，そして多くの日本での伝統産業集積も同様であるが，プロデューサーとデザイナーの混同である。デザインさえよければ売れる製品が作れるという思い込みが存在している。デザインとして実現する製品コンセプトが明確になっていれば，プロデューシングのプロセスはすでに終えていることになる。その上での技能の競い合いという状態が現在の景徳鎮である。この時に，実用性を持つ器に対する評価はさほど問題にならないために，これでもかといわんばかりの作品が競い合っているといえる。

　景徳鎮の評価基準は金額である。いくらの価格がついたかが評価基準となっている。決して拝金主義ではない作家も少なからず存在するが，それでも製品価格については明確に意識する。現在の中国での美術品の評価基準が金額で表示され，それが妥当であるか否かはともかく，その相場観が支配的となる。もちろん，このような評価は接待文化の中で生まれたものであり，接待の場合には接待で用いられる財やサービスがいかに高価かを示すことが重要であり，実際に，その実質的価値が高いか否かは副次的である。接待料理ではいかに高価な食材が用いられているかが問題となり，実際に美味しいか

否かは副次的でしかない。

　おそらく景徳鎮のこのような状況はしばらく持続する可能性はある。しかし、かなりの危機意識も存在し、何人かの陶芸家はかなり深刻にとらえていた。行政の側の対応は、逆にこのような製品製造の高度化よりも、産業としての持続を中心に考えているといってよく、景徳鎮で開催された世界陶磁器博では、ヨーロッパのメーカーの出品を中心として製品展示が行われていたが、出品する意図は中国に自社製品を売り出そうとするのではなく、中国での委託生産を誘う展示であると思われた。つまり、他産業同様に中国の安価な経営資源を利用したOEM生産が可能かを打診する出展である。

　このような意味で景徳鎮は産業集積として非常に大きな可能性を持っているものの、現在でのものづくりからは高度化への条件が十分に満たされず、高級な製品はプロデュースをともなわない、作られた需要に対応しているといえる。器に対する高度化をあまり意識しない中国の食文化において、インテリアではない高度な作品がプロデュースできるのかは大きな問題であるが、それを構想する可能性はないとはいえない。景徳鎮の高度な技能をどのように製品化するかについては今後の課題であるといえる。

　景徳鎮はかなり特異な状況であるが、他の集積についてプロデューサーの存在を探るとかなり多様であることがわかる。明確にプロデューサーとしての産地問屋が機能しているのは京焼である。五条坂周辺に問屋が集積しており、その近辺の地名である清水が京焼の総称とされたことがそれを示している。それまでの京焼は清水だけではなく、周辺の地名である粟田口の粟田焼、音羽の滝近辺の音羽焼などより小さな地名が付けられていたが、その総称として問屋のある清水が用いられている。このような現象は、伊万里焼の場合も同様である。この場合は伊万里には窯はなく、有田や三河内、波佐見などの焼き物の総称として積み出し港である伊万里が用いられている。

　集積としての京焼の特徴は、大企業が存在せず、中小の問屋が職人を組織して製造している点である。このために、問屋は製品を企画するというプロデューサーの役割を担うことになる。どのような商品を作るかだけではなく、

値付けは商品特性として決定的に重要な要素であるが，そこに産地問屋の能力が発揮される。

産地問屋以外でもプロデュースの可能性はある。青柳［2002］では，骨董商と陶磁器商の座談会で普段使いの陶磁器についての討論が収められているが，その中で扱っている作家に対して，器についての提案がなされていることが述べられている。陶器を主として作る作家に対して，白磁の器を作るように示唆を与え，その結果としての製品を自らの店で扱うというプロセスで，見本を何回かやりとりして最終的な製品を確定する。これは明確なプロデューシングであるが，個別の作家に対してプロデュースすることによって売れる器を示唆することでさらなる作家活動を生み出すための必須の行為である。

京焼のプロデューシングとして，参与観察でのケースだが，陶器の焼き締めのビアグラスの小売値を8,000円としたと聞いて舌を巻いた。見かけは単なる焼き締めで釉薬がかかっているものではなく，地味である。しかし，ろくろで薄くひいたもので，技法からは陶器も磁器も両方できる職人でなければ制作は困難であるという。このグラスにビールを注ぐと実にきめ細やかな泡が立つ。実際に，それを経験すると，そのグラスしか使わなくなるほどに違いが大きい。その違いを強調するためには，8,000円という値段で着目させることが有効であるそうだ。地味なグラスがこれほどの価格が付く以上，何かがあると思わせるわけである。もちろん，高価格であれば利益も大きくなる。絶妙の価格付けである。

このような能力を持つ産地問屋に対して，有田の産地問屋はかなり異なる機能を持っている。有田には香蘭社や深川製磁といった大規模な生産を行っている企業があり，これに中小の窯が存在している。また，有田では半製品としての器胎製造を波佐見などに依頼することがあり，生地と呼び，その取引がなされている。これは，大皿など有田製品のかなりの部分が規格化されており，絵付けが器の評価を決める傾向がある。世界的に見ても，器の形のバリエーションはさほど大きくなく，絵付けが評価されることが多いが，日本の器は極めて多様な形状を持つ。有田は，その点では日本の産地の中では

器胎が取引対象となっている点で例外的である。

　用途と形状がほぼ一定であれば，製品をプロデュースする余地はほとんどない。絵付けの技巧が評価の要素となり，料亭や旅館で用いられる大皿が有田の商品として定着する。産地問屋は，製造過程に介入することなく，仕入れた大皿を行商する形態で流通がなされる。この状態から，業務用の器のディスカウンターとして有田の産地問屋は位置づけられたといってよい。

　この対極に位置づけられるのが唐津の集積である。唐津の陶器は基本的に茶陶である。日常に用いる器も制作しているが，それだけを製造するのではなく，日常の器の延長に茶陶があるといえる。個別の製造主体が生産を行っており，その制作を誘導するような流通過程からの介入はほとんどない。唐津では産地問屋は存在せず，茶陶が直接買い付けに来る。茶陶が対象にする陶器は茶道家の需要に対応するものであり，それに含まれない生活雑器は別の流通ルートになる。生活雑器から茶陶への移動は，作成者の実力が評価されるかによる。プロデューサーが欠落していても，自分自身で製品を求められる形に製造していかねばならないという意識は強く持っているといえる。

　唐津の場合，茶陶にいたるまでのプロセスでプロデューサーが介入したとしても，その存在は茶陶商が担当し産地での独自性を問題とするものではないといえる。現地での聞き取りでは，茶道についてのかなり高度な知識を持たなくては，実際に茶会での実用に耐える作品を作ることは困難で，その知識を自ら持つか，あるいは茶陶商に仰ぐ必要がある。茶道の様式に適合的な作品であるかの判断は，自分自身か，直接に茶道家と接触する茶陶専門の小売商であり，産地問屋ではない。

　ものづくりにはなにがしかのプロデューシングは必要であるが，その必要性は状況によって大きく異なり，プロデュースがどうしても必要な場合もあれば，さほど必要としない場合も存在する。さらに，作り手が自らプロデュースするケースは多いが，それを専門とする存在が現れ，能力を高めたときにものづくりは高度化することを確認することができる。この章では，プロデューサーの存在と機能を論じたが，現実のプロデューシングがいかになさ

れるかについては，具体的事例をさらに追求していくことが必要である。今後は，ものづくりの歴史で最も効果的なプロデューシングを行ったといえる本阿弥光悦と北大路魯山人の事例を追求する予定である。

参考文献

青柳恵介・芸術新潮編集部編［2002］『骨董の眼ききがえらぶふだんづかいの器』新潮社．

太田伸之［2014］『クールジャパンとは何か？』ディスカヴァー・トゥエンティワン．

黒木靖夫［1998］『ウォークマンかく戦えり』筑摩書房．

ケイン岩谷ゆかり著，井口耕二訳［2014］『沈みゆく帝国』日経 BP 社．

スコット・バーンズ著，西田俊子・野口直樹訳［1978］『家庭株式会社』プレジデント社．

日置弘一郎［1998］『「出世」のメカニズム』講談社．

藤本昌代・河口充勇［2010］『産業集積地の継続と革新』文眞堂．

彭丹［2012］『中国と茶碗と日本と』小学館．

第 2 章

産業クラスターにおける
高度なものづくりへの移行メカニズム

　産業クラスターを形成したからといって，必ずしも製品が高度化に向かうとは限らない。クラスターを構成する諸要素やネットワークの状況は，製品の性質によっても異なるが，クラスターの持続的な発展のためには，ハイエンド製品を創り出すインクリメンタルなイノベーションが必要である。そこで，シリコンバレーとクレモナでの成功事例と，これらと対比される景徳鎮の分析を織り交ぜながら，産業クラスターにおける製品高度化への移行メカニズムについて考察する。

1 | 研究の枠組み

　本節では，これまでのクラスター研究を振り返り，高度なものづくりのための経営学の理論を紹介した上で，本研究の枠組みを提示する。

1.1　クラスター研究の軌跡

　産業クラスターについての研究は，空間経済学，経済地理学，経営戦略論，組織論，ネットワーク論，イノベーション論など，多岐にわたる分野で関心を集めてきた。そこでまず，これまでの産業クラスター研究の流れを示しておくことにする。

1.1.1　産業集積としてのとらえ方

　産業集積について最初に論じたのはマーシャル（Marshall［1890］）であるとされている。マーシャルは，産業の地域的な集中が①特殊技能労働者の市場形成，②補助産業の発生や高価な機械の有効利用による安価な経営資源の提供，③情報伝達の容易化による技術波及の促進といった経済効果である「外部経済」をもたらすことを指摘した。

　その後，1980年代以降産業集積の研究は活発となったが，その先駆けとなったピオリとセーブル（Piore & Sable［1984］）は，「第三のイタリア」と呼ばれるイタリア中央部および北西部の製造業に①柔軟性と専門化の結びつき，②参加制限，③技術革新を推進する競争の奨励，④技術革新を阻害する競争の禁止といった調整機能から構成される「柔軟な専門化」の典型例を見出した。ピオリらは，先進工業国の経済的危機の多くは大量生産制度に基づく産業発展モデルの限界に起因するものであると主張し，中小企業の地理的集積が市場の不安定な状況に柔軟に対応し国際競争力を発揮するという，新たな経済体制のモデルを提起した。

　また，経済地理学に着目したクルーグマン（Krugman［1991］）は，企業

第2章　産業クラスターにおける高度なものづくりへの移行メカニズム　41

活動のボーダレス化が進む中での産業の地理的集中について，外部経済効果により産業集積の優位性が高まるとし，一度集積が起こると外部経済効果が発揮され，その集積が一層強固になることを指摘している。

　これらの研究により，産業クラスターというのは単なる企業を中心とした産業集積ではなく，大学や推進機関などの関連機関を幅広く含むものであり，産業クラスターの地理的範囲は情報の粘着性が規定するという点が着目されるようになった。

1.1.2　産業クラスターとしてのとらえ方

　その後，サクセニアン（Saxenian［1994］）は，米国のシリコンバレーを「地域ネットワーク型システム」，同様にハイテク産業で栄えていたルート128を「独立企業型システム」としてみなし，地域産業システムには①地域の組織や文化，②産業構造，③企業の内部構造といった側面があり，単に地域を生産要素の集合体として捉えるべきではないと主張した。サクセニアンはシリコンバレーについて，個人が企業にとどまることなくネットワークを形成し，情報交換を行っており，専門・細分化した企業が競争しながらも協調しあう地域ネットワーク型の産業システムを形成するが故に，環境の急速な変化にも柔軟に対応することができたと分析している。

　ポーター（Porter［1998］）は，経営戦略論の立場から，これらの特定産業の集積を「クラスター」と呼び，立地の優位性が薄れる中で，知識ベースのダイナミックな経済においては競争におけるクラスターの役割が大きくなることを指摘している。ポーターによれば，クラスターは「特定分野における関連企業，専門性の高い供給業者，サービス提供者，関連業界に属する企業，関連機関（大学，規格団体，業界団体など）が地理的に集中し，競争しつつ同時に協力している状態」（Porter［1999］，邦訳版，p.67）と定義される。ポーターはクラスターの基盤となる需要条件，要素条件，企業戦略および競争環境，関連産業・支援産業という4つの要素を「ダイヤモンド・モデル」（図表2−1）として提唱した。競争力の根源は生産性向上であり，産業

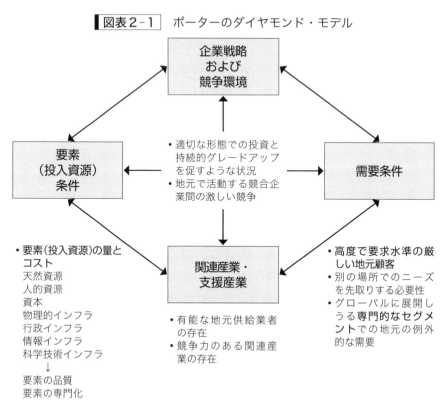

出所：Porter, M.E. 著，竹内弘高訳 [1999]『競争戦略論Ⅱ』ダイヤモンド社，p.83.

クラスターは内部の「競争と協調」による競争力により，生産性を向上させ，イノベーションを誘発させる可能性を持つというのが「ダイヤモンド・モデル」の基本概念である。

金井 [2003] によれば，ポーターの産業クラスター論と従来の集積論との違いは，①土地，労働力，天然資源，資本といった古典的な生産要素に加え，知識ベースの新しい生産要素の重要性を指摘したこと，②企業のみならず多様な組織を内包し，知識社会への変化を捉えていること，③イノベーションの実現を通して生産性の重要性を指摘していること，④協調関係ばかりでなく，競争の意義も指摘している点にある。

1.1.3 イノベーションの研究

このように，産業クラスターでは専門性の高い投入資源，情報アクセス，補完性，関連機関などにより生産性が向上するという集積としての捉え方から，イノベーションを誘発するという点に注目が集まっている。

「イノベーション」とは，人の能力の所産である知を創造し，活用することによって新たな価値を生み出す活動（創意工夫）を表す言葉である。その基となる「新結合」（neue Kombination）を最初に指摘したシュンペーター（Schumpeter［1912］）は，新結合の5つの類型として①新しい財貨，②新しい生産方法，③新しい販路の開拓，④原料あるいは半製品の新しい供給源の獲得，⑤新しい組織の実現をあげている。このように新結合という言葉は，生産要素の結合の仕方，すなわち生産方法における一切の新機軸を表し，これに新商品や新生産方法の導入のほか，新市場，資源の新供給源，新組織の開拓など極めて広範な事象を含ませている。シュンペーターは，景気循環について新製品，新生産方法の開発・企業化をイノベーション（革新）という概念を用いて説明した。その後，イノベーションと情報の流れについて，アレン（Allen［1977］）は集団の中に集団内の各構成員ならびに外部との接触が極めて多く，両者を情報面からつなぎ合わせるスター的な人間「ゲートキーパー」（gatekeeper）がいることを明らかにした。アレンはこのゲートキーパー的存在が，イノベーション・プロセスの促進に大きな役割を果たしていることを指摘している。

集積がイノベーションを促進するメカニズムについては，これまで必ずしも明らかにされてきたわけではないが，GREMI（Groupe de Recherche Européen sur les Milieux Innovateurs）による研究の中で，カマーニ（Camagni［1991］）は「Innovative Milieux（イノベーティブ・ミリュー）」という概念を導入し，地理的な近接性に基づきつつも，その中での個人や集団，組織，組織間を1つの環境として捉え，帰属意識が芽生えることで集積やシナジーによる学習プロセスを通じ，ミリュー全体のイノベーション能力が向上するものと捉えている。

日本では，産業集積に固有なメカニズムとして，伊丹が組織論の立場から，「技術蓄積の深さ」「分業間調整費用の低さ」「創業の容易さ」を抽出すると共に，集積が情報の流れの濃密さや情報共有といった条件を満たす1つの「場」として機能することの重要性を指摘した（伊丹・松島・橘川編［1998］）。宮嵜［2005］によれば，イノベーションを生み出す「知恵」や「知識」は多様な創造主体から生まれるが，主体の「探索」「学習」能力のみならず，その主体の価値観，その創造主体の置かれている組織のあり方，「場」の雰囲気に大きく左右されることがわかっている。

　イノベーションの議論は，その後オープン・イノベーションへと焦点が移ってきている。オープン・イノベーションのとらえ方も，「企業の内部と外部のアイデアを有機的に結合させ，価値を創造すること」（Chesbrough［2003］）との定義から，さらに「知識の流入と流出を自社の目的に適うように利用して社内イノベーションを加速化するとともに，イノベーションの社外活用を促進する市場を拡大すること」（Chesbrough［2006］）へと発展してきた。オープン・イノベーションとは自社にない技術やノウハウを外部から調達したり，自社の技術やノウハウを外部化したりすることで，イノベーション活動の有効性や効率性を高めようとする1つの方法であると捉えられる。

1.1.4　さらなる実証研究の必要性

　このように産業クラスターについての研究は，プラットフォームとしての「場」において高感度な情報交換を行う「知的集積の経済性のダイナミズム」，さらに「オープン・イノベーション」のへの関心と推移してきた。ただ，多様な研究分野を包含していることもあって，クラスターとイノベーションのダイナミズムの関連については理論的に解明されていない部分も多く，個別の実証研究の蓄積が必要とされている。

　これまでの産業クラスターに関する先進研究は，シリコンバレーや「第三のイタリア」を中心に行われてきた。シリコンバレーについては，例え

ばサクセニアン（Saxenian［1994］）の地域ネットワーク型システム，枝川
［1999］の起業家精神，ブラウンとデグード（Brown & Duguid［2000］）の
知識のダイナミクスの視点からの研究などがあるが，イノベーションのメカ
ニズムについては未だ十分には解明できていない。また，イタリアの産業集
積については，岡本［1994］の洗練されたデザインの背景にある職人や中小
企業の存在，清成・橋本［1997］のシリコンバレーと北イタリアの産業集積
の比較からコミュニティの重要性，小川［1998］の家族・地域産業・地域コ
ミュニティの一体性，稲垣［2003］のスピンオフ連鎖を伴う産業集積，児島
［2007］のイタリア産地の「暗黙知」に関する研究などにより，徐々にその
実態が解明されてきてはいるが，北イタリアだけでも約200の産業クラスタ
ーが存在していることから，その全容が明らかになっているわけではない。

　第1章で説明されているように，産業クラスターでは多様な製品が作られ
ているが，クラスターのボリュームゾーンにある製品群を維持するためには，
ハイエンド製品を継続的に発展させていくメカニズムが必要となる。これは，
ハイエンドの製品がボリュームゾーン製品を牽引する構造を取ることで初め
て，市場とのスパイラルな創造的関係が維持されるからである。クラスター
を形成したからといって，必ずしも製品が高度化に向かうわけではないこと
は，かつて素晴らしい製品を輩出した中国・景徳鎮の陶磁器クラスターが，
現在は普及品中心の一大クラスターと化している事例からも認められる（大
木［2014］）。そこで必要となるのが，製品高度化を促すためのオープン・イ
ノベーションのメカニズムである。

1.2　本研究の枠組み

　本章ではシリコンバレーのものづくりと，北イタリアのクレモナにおけ
るヴァイオリン作りを，対比例となる景徳鎮の陶磁器製造の分析（大木
［2014］，［2017］）を参考にしながら，最先端のクラスターと伝統的なクラス
ターに共通する製品高度化のメカニズムについて考察していくことにする。
イン（Yin［2009］）が指摘するように，事例研究は経験的探究であり，特

に現象と文脈が明確でない場合に，その現実の文脈で起こる現在の現象を研究するのに適している。比較分析を行う上で，ポーターのダイヤモンド・モデルは産業集積のタイプ分けを容易にし，製品高度化につながるイノベーションの源泉を動態的に捉えるのに有効なモデルの1つとしてあげられる。ダイヤモンド・モデルの相互関係の分析には，サクセニアンの地域産業システムの観点からの具体的ネットワーク分析が不可欠であることも指摘されている（原田［2009］，p.39）ことから，双方の視点を取り入れて分析していくことにする。

　シリコンバレーは，オープン・イノベーションにより製品を高度化させてきたクラスターとして，研究者や実務家から注目を集めてきた事例である。一方でクレモナは，16世紀以降アマティやストラディヴァリなどの製作者ファミリーにより隆盛を遂げたが，その後クラスターとしては衰退し，近年になって往年の名器復興を目指した製品高度化への取り組みにより再生を遂げたコンテンポラリー・ヴァイオリン製作のメッカである。伝統的製法がいったん途絶えたからこそ，技術革新への意識も生まれ，オープン・イノベーションが促進された事例でもある。産業クラスターにおけるものづくりは，製品により「製品と技術」のパターンや分業構造も多様であり，その差異についての認識はクラスターの比較分析に不可欠であるが，すでにこれらについては研究を重ねてきた[1]（大木［2009］，［2011ab］，［2015］）ことを踏まえ，本稿では産業クラスターのビジネス・システムに着目し，製品高度化を導くためのメカニズムを捉えていく。

　本章の分析は，公開資料，2003年から2017年にかけて実施した現地での詳細なヒアリング調査，定量的調査（クレモナのみ実施）の結果に基づいている。最終的には，本書を通して「新しくて古い経営様式」とも捉えられるシリコンバレーの産業クラスターについて説明すると共に，伝統的なクラスターとも通底するビジネス・システムを解明することが狙いであり，景徳鎮の詳細な分析は第3章以降に譲るとして，本章ではその手掛かりを提供していく。

2 シリコンバレーのものづくり

本節では，成功事例としてこれまでしばしば取り上げられてきた米国のシリコンバレーの産業クラスターを見ていくことにする。

2.1 概要

シリコンバレーとは，米国カリフォルニア州サンフランシスコ半島の，北はサンマテオ郡サンカルロスから，南はサンタクララ郡サンノゼ市まで帯状に延びる地域の総称である。シリコンバレーの少し北にはサンフランシスコ国際空港が，そして南部にはサンノゼ国際空港があり，スタンフォード大学の大学町パロアルト市はほぼ南北中間地点にあたる。シリコンバレーでは軍事産業，半導体，PC，IT，バイオ，環境とそのドメインを変化させながら，産業クラスターとしての進化を続けてきた。世界で最も多くのベンチャー企業が起業し，ベンチャーキャピタルによる投資が集中している地域の1つでもある。シリコンバレーは，「地域に集結した知識と人間関係の積み重ねから生じた優位性をテコにした地域の代表的な例」（Lee et al.［2000］，邦訳版，p.6）として世界の産業クラスターのモデルとなっている。

2.2 歴史

シリコンバレーは，1938年にスタンフォード大学を卒業した二人が，自宅のガレージ[2]で起業（後のヒューレット・パッカード社）したことで始まったというのが通説となっている。この二人を生み出したスタンフォード大学は，1891年に特定の宗派との関係を持たず，男女共学で，実務的で「文化的で役に立つ市民」を育てることを目的として設立された大学で，米国の中心が大企業や優秀な人材が東海岸に集中する中，全米初となる工学部[3]を作り，大学と実務界との関わりを重視した教育で，新たな産業を興す発端となった。

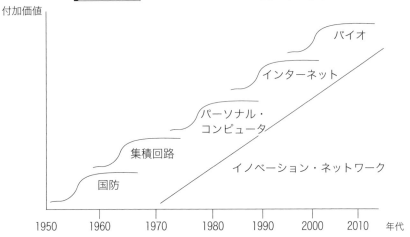

図表2-2 シリコンバレーの主要産業の推移

出所：Henton [2000] "*Evolution of Silicon Valley*" (in The Silicon Valley Edge, Figure 3.1, p.47) に加筆.

ヘントン（Henton [2000]）は，シリコンバレーの発展についてシュンペーターの技術の波という観点から捉え，2000年までに少なくても4つの主要な技術の波がシリコンバレーを形成してきたとする。

ヘントンを参考に技術の波をまとめると図表2-2のようになる。

2.2.1 Defense 国防

サンフランシスコ半島には，もともと無線愛好家たちの大きなコミュニティがあったが，これらの愛好家によって発明された技術が軍事目的に使用されるようになっていった。第二次世界大戦及び朝鮮戦争により，ホームページをはじめ周辺地域の企業が製造する電子製品の需要が高まり，国防支出が企業の技術インフラ構築を促進した。研究者たちの継続的なイノベーションにより，クライストロン[4]，トラベリングチューブ等の開発において不動の地位を確立したこの地域には，雇用が創出され，原材料の供給業者も集まってきた。

第2章　産業クラスターにおける高度なものづくりへの移行メカニズム　　49

2.2.2　IC（集積回路）

1955年にウィリアム・ショックレイ（William B. Shockley，1910 – 1989）がスタンフォード大学の近くに半導体研究所を設立したが，この研究所の若手研究者たちが集団で設立したフェアチャイルド・セミコンダクター社（Fairchild Semiconductor）がシリコンを使った半導体事業に成功したことで，この地域に半導体メーカーが集まるようになった。フェアチャイルド・セミコンダクターは大量生産システムを構築し，スピンオフ企業であるインテル社（Intel）をはじめ，1960年代にはアドバンスト・マイクロ・デバイセズ社（Advanced Micro Devices），ナショナル・セミコンダクター社（National Semiconductor）など30社以上の半導体企業が，シリコンバレーで誕生した。1960年代から70年代にかけて本格的な半導体の時代となり，この地域一帯が「シリコンバレー」と呼ばれるようになった。

2.2.3　PC（パーソナル・コンピュータ）

1970年代から1980年代にかけて，シリコンバレーには多くのベンチャーキャピタルが集まるようになり，半導体を使用したマイクロコンピュータの時代に突入した。スタンフォード大学の周辺にはアップルコンピュータ（Apple Computer）をはじめとした20社以上のコンピュータ会社が設立され，アップルコンピュータの成功はソフトウェアやディスクドライブ産業の拡大にもつながった。

2.2.4　Internet（インターネット）

1980年代になるとハードからネットワーク時代に移る中で，産業の中心もネットワーク機器やソフトウェア開発に移行していく。スタンフォード大学やカリフォルニア大学バークレー校で開発されたワークステーションやネットワーク・ルーターの技術は，ベンチャー企業により商用化されていった。ネットスケープなどのナビゲーションソフトや，シスコシステムズなどインターネット関連会社が設立された。その後1990年代に入ると，スタンフォー

ド大学の学生により新たに検索エンジンである Yahoo! や Google が誕生した。

東海岸で始められた Facebook も2012年にはシリコンバレーに移転し，シリコンバレーには数千のソフトウェアやインターネット関連のハイテク企業が本拠地を置き，IT 企業の一大拠点となっている。

2.2.5 Biotech（バイオ産業）

一方で，シリコンバレーのベンチャーキャピタルはいち早くバイオ技術に着目し，大学にそのシーズを蒔いていた。その結果，今やシリコンバレーを含むサンフランシスコ湾岸地域は，ジェネンテック（Genentech）社に代表される遺伝子組み換え技術を中心としたバイオ産業の世界最大のクラスターである。さらにバイオ技術と情報技術の双方の知識を利用したバイオインフォマティクス，計算分子生物学といった新分野を開拓する企業も出現している。さらに，シリコンバレーではエネルギー環境などの分野でも多くのベンチャー企業が立ち上げられている。また投資先としては，フィンテック（FinTech），AR（Augmented Reality：拡張現実）／VR（Virtual Reality：仮想現実），AI（Artificial Intelligence：人工知能），IoT などの分野での注目が高まっている。

2.2.6 現　状

このようにシリコンバレーは主要産業を変化させながら進化を遂げてきた。2018年[5]現在，シリコンバレーでは163.8万人の雇用を創出している（図表2−3）。ハイテク産業は依然としてシリコンバレーの主要産業の1つではあるが，近年この分野ではシリコンバレーに代わってサンフランシスコが急成長を遂げている。シリコンバレーでは，ヘルスケア，小売，建設，教育分野での雇用が増加（雇用総数の52％）し，コンピュータ・ハードウェア，ソフトウェア，インターネット・情報サービス，バイオ技術などイノベーションや情報産業は緩やかな成長（雇用総数の29％）にとどまっている。それでもシリコンバレーの人口は307万人で増加傾向にあり，特に25歳から44歳

までの若手労働力の比率が最も高いことが特徴である[6]。住民の37.8%が外国生まれと，全米でも特に外国人比率が高い地域で，海外からの移住者も増加傾向にある。人口の51%が大学卒業以上の学歴（大学卒28%，大学院卒または専門的な資格保有者22%）を有しており，カレッジ卒業の22%を合わせると73%に及ぶ。2017年実績では，シリコンバレーでの特許申請は19,000件以上で，シリコンバレー（140億ドル）とサンフランシスコ（109億ドル）を合わせると249億ドルとなり，全米ベンチャーキャピタルの38.9%にあたる投資額が投入されていることになる。

シリコンバレーの平均開業数は毎年約17,000社であるが，平均廃業数も約10,000社と，約6割の企業が事業展開に失敗していることがわかる[7]。2017年には9社がIPO（Initial Public Offering）を実施し株式を公開している。さまざまなプレイヤーによるイノベーションを生み出すためのエコシステムとして，アクセラレーターと呼ばれるベンチャーの成長を加速させる仕掛けを提供する組織の存在も見逃せない。特訓プログラムや支援の内容なども，テーマによって細分化されてきている。

■図表2-3 シリコンバレーの現状

広さ	1,854平方マイル
人口	307万人
就業数	163.8万人
平均年収	130,879ドル
海外からの移住者	＋22,232人
国内からの移住者	－21,924人

出所：2018 SILICON VALLEY INDEX.

2.3 特　徴

リー（Lee et al. [2000]）によれば，シリコンバレーの特徴は，①ゲームに好意的な規則（ベンチャー企業にとって好意的な法律，規則，慣例），②

知識集約（情報技術に関する豊富なアイデア），③高品質で流動性の高い労働力（才能を引きつける磁石），④結果志向型実力社会（才能と能力により評価），⑤リスクテイクに報い，失敗に寛容な風土（計算されたリスクテイキングと楽天的な起業家精神），⑥オープンなビジネス環境（開放的なネットワーク），⑦産業と相互に交流する大学や研究機関（双方向に流れるアイデアと知識），⑧ビジネス，政府，非営利組織間の協力（地域の持続的発展を目指した取り組み），⑨高い生活の質（美しい自然と都会の快適さ），⑩専門化したビジネスインフラ（エンジェル，ベンチャーキャピタルなどの金融，弁護士，ヘッドハンター，会計士，コンサルタントの存在），にある。

そこで，ポーターのダイヤモンド・モデルに従い，4つの条件に基づきシリコンバレーが産業クラスターとして成功したかについて分析をしていきたい。

2.3.1　要素条件

シリコンバレーの要素条件としては，シリコンバレーの中核となるスタンフォード大学の存在が最も大きい。シリコンバレーの製品の半数以上がスタンフォードの卒業生が立ち上げた企業によるものであり[8]，スタンフォード大学の卒業生，教授，スタッフがこの50年間に立ち上げた企業は1,200社に及ぶ[9]。1999年の調査ではシリコンバレーの上場企業上位150社のうち，25％がスタンフォード大学の関係者によって設立されている（Lee et al. ［2000］，邦訳版，p.220）。全米のみならず世界中から優れた人材を集め，手厚い教育により多数の優れた才能が輩出されている。また，スタンフォードの学生や卒業生と才能を探す企業とのマッチングも積極的に行われている。

アメリカ政府はシリコンバレーのクラスター振興のために優遇政策を実施してきたわけではないが，研究支援という側面では大きな役割を果たしてきた。スタンフォード大学やカリフォルニア大学バークレー校は，工学部において優れた実績を持ち，コンピュータ・サイエンスを早くから奨励していたために，政府の研究資金の拡大はクラスターの発展に大きく貢献してきた。

スタンフォード大学の研究機関はクライアント主催の研究開発で，政府，産業界，民間団体に提供している。スタンフォード大学は物理，環境，人文社会，バイオ生命などの分野で独立した研究機関を有し，研究全体の10％を占めている。2017－2018年の外部からの受託研究プロジェクトは6,200以上に及び，総予算は164億ドルである。これら受託研究の約81％がSLAC（SLAC National Accelerator Labotory）を含む政府機関により助成されており，3億ドルは民間資金である。5学部からのポストドクター2,300名以上も含む巨大なスタンフォード大学の研究者コミュニティが構築されており，これらの受託研究に関わっている[10]。

ベンチャーキャピタルやコンサルタント，会計士，弁護士，弁理士，アクセラレーターなど，シリコンバレーには世界最高水準のベンチャー支援インフラが整備されており，エコシステムが構築されているが，これらのベンチャー支援にはリサーチパークの貢献が大きい。スタンフォード・リサーチパークは，1950年代に3,240ヘクタール（32.4平方キロメートル）の広大な大学の所有地を有効利用するために建設され，スタートアップ企業に土地の長期リース[11]を采配してきた。リサーチパークの一義的な目的はテナントからの収入を得ることではあったが，R＆D（Research and Deveropment）重視の企業をスタンフォード大学の近くに置くという副次的な目的にも適っていた。2017年時点[12]で，700エーカー（2.8平方キロメートル）の敷地に約150社以上が本拠地を置き，企業側も安い地代と大学との研究の連携という恩恵を受けている。リサーチパークの管理は当初から外部の開発業者を入れずに大学が独自に行い，建物には景観とオープンスペースを重視した規制をかけていた。テナントを希望する企業に対しては，大学がその目的に適うかどうかをスクリーニングしてきた。

リサーチパークが存在することで，大学が企業から賃貸収入を得るばかりでなく，企業の収益はパロアルト市の税収にも大きく結び付き，結果的に市民が住みやすいまちづくりが進んでいる。豊かな住宅環境や便利な商業施設がシリコンバレーに質の高いコミュニティを形成させるのに役立ち，高い生

活水準につながっている。このことが，1つの企業にとどまりにくいプロフェッショナルたちをシリコンバレーに定着させる大きな吸引力ともなっている。シリコンバレーには住みやすい環境づくりのための NPO やボランティア団体も多数存在する。

シリコンバレーの人材は，自由なプロフェッショナルで，ライバルやスピンオフ企業への移動が頻繁に行われている。シリコンバレーではリスクテイクを需要する風土があり，数十年同じキャリアを追求する可能性は低い。その意味でも，ベンチャーキャピタリストやアクセラレーターが多いことは，地域のベンチャー企業のみならず，技術革新自体に大きく貢献していると言える。

2.3.2　需要条件

世界最先端の産業ニーズが，シリコンバレーを進化される需要条件となってきた。前項の歴史をみるとわかるように，国防，集積回路，パーソナル・コンピュータ，インターネット，バイオ，環境といった変遷を遂げてきたが，初期段階では国家戦略のためのハイエンドなニーズに応えることで，技術と産業クラスターを発展させてきた。シリコンバレーでは，ローカルに多くの注目を取得し，世界市場を獲得するというプロセスが一般的である。これは，ホームグラウンドで製品の質，価格，信頼性，機能性などの差別化を効果的に図ることで得られる，洗練された BtoB の需要があるためである。当然のことながら，高度な要求をする世界のエンドユーザーは，成長と革新のためのドライバーとなっている。

2.3.3　企業の戦略，競争

シリコンバレーには，ベンチャー企業の豊富な成功事例があるが，必ずしも成功例の方が多いというわけではなく，失敗するケースも多い。当然，企業は激しい競争環境下にある。特に，ハイテク産業は知的財産に強く依存しており，IP（知的財産）訴訟[13)]も絶えない。したがって他社の技術には敏

感であり，技術者同士のピア・レビューも活発に行われている。

シリコンバレーは米国の技術のハブであり，ブランドとしても定着した高い認知度が，投資環境を形成する上で重要な役割を果たしている。ビッグビジネスを目指す企業間の競争は当然厳しいが，シリコンバレーでは技術開発者が転職したり，起業したりすることも多く，クラスターには自然に協力しあう文化が育まれてきた。企業同士が熾烈な競争はあるものの，新しいアイデアを創造するために互いを利用するという側面が強く，知識は共有され，クラスターの中で人とアイデアが移動している。こうした競争と協調がクラスター全体を発展させていることは，外部からシリコンバレーにやって来てビジネスを始めるインセンティブともなっている。資金調達，法律関連サービス，オフィス設立などへのアクセシビリティは多くの起業家を魅了し，周りに流れる多くのアイデアは，シリコンバレーの企業間に多くの競争とイノベーションをもたらしている。自分と同じような専門性の高い技術者や研究者を友人・知人に持ち，アイデアや情報を語り合い，共有しながら，自分のビジネスを創り出す風土がシリコンバレーの特徴でもある。

米国政府の役割は近年では縮小してはいるが，政府の研究受託で始まって一大クラスターとなった経緯もある。企業は，仕事と引き換えに政府から収益を受け取ってきたことや，研究機関のプロジェクトに多額の資金が投入されていることからも，政府の関与はクラスターの発展に対し大きな役割を果たしている。

シリコンバレーの大半の企業は世界的規模の市場を対象とする製品群を生産しており，海外からの投資の誘致も盛んである。他国の大企業も世界規模での競争のためには米国のハイテクコミュニティの一員となる必要があり，韓国のサムソン電子をはじめ，日本からもホンダやメルカリなど，多くの企業がクラスター内にオフィスを設立している。

2.3.4　関連産業

シリコンバレーでは，企業は生き残るために他者と連携する必要にさらさ

れており，常に技術革新の目標が存在することが，企業努力をかき立てるのに役立っている。例えばインテルはコンピュータ用のプロセッサーになるが，このプロセッサーは，コンピュータの新たなソフトを設計するために必要とされる。ソフト会社は，現在のシステムを改善するためにプロセッサーを購入しているわけで，実際には同時に２つの企業がインテル社のパートナーとなっている。その意味では，少なくても企業が協力してクラスターの発展のために取り組んでいると捉えられる。

　投資家やベンチャーキャピタリスト，アクセラレーターなどを必要とするのは，大半が小さなベンチャー企業である。ベンチャー企業は外部から新たな人材をクラスターに引き込み，革新的な技術で業界に新たな展開をもたらす可能性を持っている。また，クラスター内の相互作用ばかりでなく，生産性を高めコストを削減するために，世界中からサプライヤーを誘致するための取り組みも促進されている。

2.4　製品高度化への取り組み

　シリコンバレーの進化は偶然によってもたらされたわけではない。コアとなる研究機関が存在し，大学のまわりには1956年にショックレー半導体研究所，1957年フェアチャイルド・セミコンダクター社，1968年インテル社，1976年アップル社，1982年サン・マイクロシステムズ社などハイテクベンチャー企業が次々に誕生してきた。そこにベンチャーキャピタルが集まり，不屈の精神を持つ起業家が育っていった。技術開発が順調に進んできたのも，大学院の学生と企業が連携を強め，これに対する資金助成を政府や民間が一体となって行ってきた結果である。

　シリコンバレーで研究者間の情報が盛んな背景には，米国では研究の早い段階で論文発表や特許申請が行われ，その後は研究内容を公開して研究者のコミュニティからのフィードバックにより開発を進めていくという方法論が一般的であることがある。それによりディスクロージャーとクロージャーのバランスの中で，スピーディーな開発が実現している。シリコンバレーでは，

企業と企業の関係は固定的なものではない。製品をデザインし，そのために必要な技術を持つ企業を探し出し，新たな提携を展開していく。そのためには，技術の情報を集める必要もある。企業間では常に情報の奪い合いが繰り広げられている。その激しい情報合戦の中で，さまざまなレベルの情報を引き出す能力，他社の技術の良し悪しが判断できる能力があって，はじめて製品の高度化に臨めるわけである。

製品を高度化しようとする企業は，優秀な技術者を雇用し，さらに優れた研究につながるような環境を整備している。高い学歴と知識を持つ技術者たちは，1つの企業にとどまる必要性を感じないプロフェッショナルである。これは過去にフェアチャイルドからスピンオフした企業の数を見てもわかる。自己実現を優先するプロフェッショナルは，よりよい研究環境やより高い報酬を求めて簡単に離職する。また自ら起業する技術者たちもいる。もっとも，技術者の多くは企業を変えてもシリコンバレーにとどまっている。これはシリコンバレーで情報技術に関わる技術者たちが，顔を合わせて行うコミュニケーションの重要性を十分に認識しているためである。仕事環境の中では企業内，企業間でも情報交換がオフィシャルに行われている。家族や子供の学校を通じて，日常的コミュニケーションの場も多く存在している。学歴が高く理系人材が多いこの地域では，多様な人種ながらも，同じような仕事に関わる人たちが多く集まる地元のコミュニティが形成されており，技術者にとっても居心地がよい環境でもある。

シリコンバレーは，「第三のイタリア」のようにファミリーを中心としたビジネスではなく，基本的にはプロフェッショナルが仕事を通じて信頼関係を築いている。このことが，クラスターの強固で柔軟なネットワークにつながっている。シリコンバレーではクラスターを形成する地理的範囲も広いが，これは米国が車社会であるために日常的に数十キロの距離を移動しており，距離感や，近所・隣人という感覚も，イタリアのような小さな町とは異なるためである。多様な関係者が集まるクラスターが発展するためには，イノベーションの源泉となるプラットフォームを持続的に構築していく必要がある。

こうしたプラットフォームを構築してこそ，自在に自社のリソースを外部化から調達したり，外部化したりすることによるオープン・イノベーション創出の関係が可能となる。クラスターの持続的な発展のためには，こうしたオープン・イノベーションを促す環境づくりが求められており，地域的に近接していることによって可能となる構成員同士のコミュニケーション，さらにコミュニケーションのための「場」を作っていくことが不可欠であることがわかる。

3 ┃ クレモナのものづくり

3.1 概　要

　次に，北イタリアに位置するクレモナのヴァイオリンの産業クラスターを見ていくことにする。クレモナには，アマティやストラディヴァリといった巨匠たちが名器を生み出したヴァイオリン作りの歴史がある。1938年に国立のヴァイオリン製作学校が設立されて以来，ヴァイオリン作りの町として復興してきた。量産のヴァイオリンとは異なり，一人の製作者による完全な手作り楽器を特徴とする。

3.2 歴　史

3.2.1 オールド・ヴァイオリン

　ヴァイオリンを楽器として最初に誕生させたのは，クレモナのアンドレア・アマティ（Andrea Amati（c.1505-c.1577））だと言われている。イタリア独自の伝統的な製法により繊細に美しく仕上げられたクレモナの楽器はオールド・ヴァイオリンと呼ばれ，現在まで一流演奏家に愛用されている。この時代には，アマティ，ストラディヴァリ，グァルネリなどのファミリーが

第2章　産業クラスターにおける高度なものづくりへの移行メカニズム　59

大きなギルド，工房を構成していた。17世紀半ばから18世紀半ばにかけての「クレモナの栄光」と呼ばれるクレモナの黄金時代には，約1万本の楽器が製作された。ヴァイオリンの製作技術は，18世紀初頭から後半にかけてヨーロッパ全土に広がっていったが，その一方で，経済不況の波と共にクレモナでは職人が減少し，弦楽器製作は衰退していった。

　黄金期のクレモナをダイヤモンド・モデルで示せば，要素条件としては，大都市の統治下にありながらクレモナ独自の自律性を守り，ポー川というヴェネツィアからミラノへの流通の拠点としての地理的利点を生かし，血縁関係を中心とした徒弟制度により技術を伝えた点が大きい。需要条件としては，音楽の発達に伴い編成も大規模化し，演奏会にはオーケストラ用の複数の楽器が必要とされるなど弦楽器の普及が進み，修道会の宗教活動に伴う欧州各地の王侯貴族から大量の注文を受けていた。企業戦略・競争環境としては，血縁を中心としながらも外部からの血を採り入れ，競合の産地とは美しく精巧な楽器へのこだわりで差別化を図っていた。さらにクラスター内に多数の製作者がいることで，大量の楽器を流通させた。関連産業・支援産業としては，音楽の発達や，クレモナにクラウディオ・モンテヴェルディ（Claudio Giovanni Antonio Monteverdi（1567 – 1643））を代表とする音楽家が生まれたこと，そして製作者たちがカトリック修道会のカルメル会やイエズス会に経済的な保護を受けていたことが大きかった。このことで製作者たちは経済的な心配をせずに，最高の原材料を使って製作に専念することができたわけだ。これらの条件が整って，クレモナのヴァイオリン作りにイノベーションが起こったのである。

3.2.2　モダンイタリー・ヴァイオリン

　その後19世紀前半にジョバンニ・フランチェスコ・プレッセンダ（Giovanni Francesco Pressenda（1777 – 1854））という卓越した職人の出現を契機に，イタリアには再び優れた職人が増加し，1890〜1940年頃がイタリアの第2の隆盛期となった。この時期の楽器はモダン・イタリーと呼ばれ，

イタリアには約250人の製作者が存在していた。

産業革命以降，ヨーロッパは分業化による量産の傾向に向かい，ヴァイオリンづくりも，伝統的な技術を守る優れた手工芸と大量生産方式に分かれることになった。この中でイタリアは工業化された大量生産の楽器は作らないという方針を頑なに守ってきた。この時代のイタリアのヴァイオリン職人は大都市に分散しており，クレモナにはヴァイオリン職人はほとんどいなくなってしまった。

3.2.3 コンテンポラリー・ヴァイオリン

第二次世界大戦の間，ヴァイオリン作りが途絶えていたクレモナでは，イタリア系アメリカ人製作者シモーネ・フェルナンド・サッコーニ（Simone Fernando Sacconi（1895－1973））が，内枠式あるいはクレモナ式と言われる昔のクレモナのヴァイオリンの製作方法を取り戻すことに尽力した。サッコーニの提唱により，1937年にストラディヴァリ生誕200年祭が行われ，1938年にはクレモナの国際ヴァイオリン製作学校（Scuola Internazionale di Liuteria di Cremona）が設立された。スイスの実業家スタウファーからのクレモナへの資金援助もあって，70年代になるとクレモナは再びヴァイオリン製作の町としての活気を取り戻した。世界各国から集まったヴァイオリン職人を育成する一方で，現在ではヴァイオリン工房が集積し，一度途絶えた技術を新たに創り上げ，インクリメンタルなイノベーションを繰り返しながら，世界随一のヴァイオリン製作のメッカとなっている。

3.2.4 現　状

現在，人口約7万人[14)]を有するクレモナ市には，約130のヴァイオリン製作工房が存在する。そこで働く製作者の数は，工房数を大きく上回り500人〜700人と言われている。クレモナ市では，500年の歴史をもつヴァイオリン製作の伝統を宣揚し，継承するために積極的な取り組みを展開してきた。クレモナ黄金期の復活を期待して設立されたヴァイオリン製作学校の他に，音

第2章　産業クラスターにおける高度なものづくりへの移行メカニズム　　61

楽院も設立された。また，ヴァイオリン製作を奨励するために，ヴァイオリン製作者コンペティションや展示会（Triennale deghi Strumenti ad Arco）も開催している。

　ヴァイオリンに関しては，これまで量産化が進んできた。そうした中で，大量生産方式とは異なる「伝統的製造手法」を維持し，手作りによるヴァイオリン製作を続ける職人も少なくない。こうした職人は，世界各国の大都市に分散する傾向にあるが，クレモナではヴァイオリン製作のメッカに位置づけるべく工房を集中させ，積極的に製作者ネットワークの構築を進めてきた。

　ストラディヴァリが工房を構えた場所として知られる「クレモナ」という地名は，強力なブランドとして期待できる。現代においても聖地としてのクレモナ製という「謳い文句」は，楽器販売における付加価値となり，商売を有利に展開させるための強みの1つとなっている。こうした事実が世界からヴァイオリン職人を惹きつけ，工房の集積を容易にしている側面も指摘できる。

　次に，現代のクレモナの特徴をダイヤモンド・モデルに基づき分析する。

3.3　特　徴

3.3.1　要素条件

　要素条件としては，ストラディヴァリに代表されるヴァイオリン作りの巨匠たちの遺贈である「伝統」的側面が大きい。今も昔もヴァイオリンは木工作業により製作され，原材料には主に木材とニスが使われている。16世紀にヴァイオリンが楽器として完成した頃，ヴェネツィアとミラノの中間地点にあたるクレモナは，こうした原材料が豊富な地域だったというわけではないが，ポー川を通じて流通や商売の拠点になっていたことや，小都市として文化的に独立していたことが，当時ヴァイオリン産業が発達した要因であった。

　現代の復興したクレモナをみると，前述の国立国際ヴァイオリン製作学校は留学生にも授業料が無料で，世界各国から意欲ある若者を集め，優秀な職

人を育成する役割を担っている。製作学校では，道具の使い方など基本的技術を教えている。木材を使用するヴァイオリン製作には各々の木が持つ個性を生かすことが求められ，最終的に満足できる作品に仕上げるためには自ら修得しなければならない「暗黙知」的な部分が大きい。しかし，ヴァイオリン製作学校はその土台となる基礎技術を「形式知」として教授する方法を確立した。設立当初から製作学校に関わってきたフランチェスコ・ビソロッティ（Francesco Bissolotti（1929-））, ジョ・バッタ・モラッシ（Gio Batta Morassi（1934-2018））, ジョルジョ・スコラーリ（Giorgio Scolari（1952-））という３人のマエストロと呼ばれる教授陣は，クレモナのヴァイオリン作りのゲートキーパーとなっており，クレモナの職人の大半は，この３人のいずれかの弟子筋に位置づけられる。世界最大の弦楽器国際見本市として知られるモンドムジカなどに集まってくる供給業者からの原材料調達のしやすさに加え，例えばマエストロの一人モラッシが故郷の白山から原料となる質のよい木材を弟子たちに供給していたことも，職人たちをクレモナでのヴァイオリン作りにとどまらせる要因となっている。クレモナの多くの製作者がやがては独立する背景には，イタリアならではの独立起業の気風もある。

　クレモナの復興はイタリアの国家戦略でもあったが，トリエンナーレ（次項参照）や音楽院の設立・運営には，クレモナ市とスイスの実業家の遺産を財源としたスタウファー財団による資金援助が大きかった。独立して工房を構えるには，イタリアならではの起業しやすい環境もある。

　職人の半数以上を占める外国人の存在は，クレモナの産業クラスターの特徴でもあるが，外国人にはクレモナは技術を習得するところで，将来は母国に帰り，母国で工房を持ちたいと考えている製作者も多い。ストラディヴァリの時代にはギルド制により，技術の継承が血縁関係を中心にしたクローズドな世界で行われていたわけだが，現代は技術も製作学校を通じて習得されるものとなり，工房間でも技術は比較的オープンで，製作技術を得た製作者がクレモナにとどまらず，世界に拡散していくことで新たな競争を巻き起こすというウィンブルドン現象も招いている。

第2章 産業クラスターにおける高度なものづくりへの移行メカニズム　63

　総括すると，要素条件としてはストラディヴァリに代表される巨匠たちの遺贈であるクレモナの伝統，技術を「形式知」として教える製作学校，クレモナ市とスタウファー財団による資金援助，マエストロ・モラッシの自山からの品質のよい木材やトリエンナーレなどで集まってくる供給業者からの原材料調達のしやすさ，独立して工房を構える起業のしやすさ，ビソロッティ，モラッシ，スコラーリなどゲートキーパーとなる複数のマエストロたちの存在などが重要であることがわかる。

3.3.2　需要条件

　需要条件としては，音楽を愛好するアマチュア演奏家や学生など音楽教育の普及により拡大した中間層の安定したニーズが大きい。かつてクレモナで製作されたオールド・ヴァイオリンは，その希少性から今や実勢価格が数億円にものぼる高額となってしまったために，ハイエンド顧客は一流の演奏家やコレクターに限定されてしまっている。モダン・イタリーの楽器でさえ，現在では一般の演奏家には高嶺の花である。一方で，ドイツのミッテンヴァルト，フランスのミルクールなど世界的に有名なヴァイオリンの産地や，日本や中国で生産される量産品などにより，低価格帯のヴァイオリン市場はすでに飽和状態となっていた。そうした状況の中で，クレモナの製品は中間層にあたるボリュームゾーンを取ることに成功した。

　こうした成功の裏には，クレモナの製作学校に集まってくる国際色豊かな人材が，その後独立した職人となって自分の楽器を売る際に，言葉が通じて販売がしやすい故郷の国に独自のルートを開拓してきた事実がある。多国籍の製作者たちによる独自の販売ルートの拡大は，クラスターとしてグローバルな展開につながり，グローバルな市場を構築させていった。そこに大きな役割を果たしてきたのが，各国のディーラーや大手楽器店である。大量に楽器を買い付けてくれるディーラーや楽器店は，職人に対して売りやすい楽器を作らせるために，アドヴァイスやリクエストをする立場にもある。

　クレモナには音楽院も作られ，同業者組合も整備されていった。行政やス

タウファー財団の支援により，コミュニケーションの「場」を形成する関連産業・支援産業を揃えることができた。製作学校は設立当初から外国人の受け入れにも寛容ではあったが，グローバル化が進展する中で，さらに世界各国から外国人の製作者も集まってくるようになった。需要条件としては，中流階級の音楽教育・才能教育の普及から，アマチュア演奏家からのニーズも大きくなった。クレモナには製作者も増え，生産台数も多くなり，この点にディーラーや大手楽器店が着目してクレモナの名を一気に世界に広めたわけだ。有能な供給業者の存在は，競争優位に不可欠であった。

このように需要条件としては，アマチュアや学生など音楽教育の普及により拡大した中間層のニーズ，国籍の異なる製作者たちによる独自販売ルートの確立がもたらしたクラスターとしてのグローバルな展開，ディーラーや大手楽器店による大量の注文などがあげられる。大量に買い付けてくれるディーラーや大手楽器店は，売りやすい楽器にするために製品の形状についての要求も行うようになった。

3.3.3　企業の戦略，構造およびライバル間の関係

クレモナは，世界的には量産化の傾向にある中で，あえて「手作り」ヴァイオリンにこだわり，クラスター内では技術をオープンにしているのが特徴的である。もともと製作学校で技術の指導を受けてきたことに加え，完全手作りのため，同じ製法でも1つとして同じ楽器はできないと考えており，実際に技術の習得自体も即席で得られるものではないことが技術をオープンにしている理由である。製作学校での技術習得だけでは製作者としては十分ではないことから，職人の多くは親方の工房で少なくても5年ほど修業を重ね，工房でのOJT（On-the-Job-Training）により技術を獲得した上で，独立起業することになる。

もっとも，クレモナでは「クレモナ様式」という伝統的製作方法への回帰を強調するものの，実際にはストラディヴァリの時代の製法は何1つ残っておらず，製作学校ができてからの試行錯誤の結果として技術が受け継がれて

いるに過ぎない。楽器としては16世紀のアマティの時代に完成形とはなったものの，再びストラディヴァリの楽器に近づくためのさらなる改良の余地も多分に残されている。このことが，ヴァイオリン職人の意欲を向上させるモチベーションにもつながっている。

　クレモナでは，製作学校の設立当初から留学生の受け入れには寛容であり，クラスター内に多くの製作者がいることで全体の生産量は増え，多様な価格帯の楽器が作られている。こうした多様さが，クラスター内の職人たちの生き残りにつながっているとの認識がメンバーに共有されており，製作者コンペティションでの優勝を競うといった職人としてのライバル意識は存在するものの，商売では各自の販売ルートも異なることから，全体としては緩やかな協調的関係が構築されている。

　クレモナに外国人が多いということは，クラスターによい影響を与えている。外国人は，はるばる遠方からクレモナに来たということもあり，製作に対しても積極的である。職業選択の1つとして仕方なく職業訓練学校であるヴァイオリン製作学校に入学した人も多い地元イタリア人に比べ，外国人は比較的高学歴であり，自ら職人になることを目指す強い意思を持っていることからも，技術の革新ということに意欲的である。ここでは，伝統や独自性など「クレモナ」にこだわるというよりは，製作技術そのものの習得ということに焦点を定めている。これら人材の多様性が，産業クラスターの新技術の生成という革新につながる活性化の要因ともなっているものの，一方でクレモナの産業に貢献する意欲が強いわけではない。

　コンソルツィオ（次節参照）などの専門家協会が設立され，技術についても情報交換の場が公式に持たれるようになっている。もっとも，クレモナでは職人同士のピア・レビューにより技術が磨かれており，イタリアの産業クラスターの特徴でもあるコミュニティの信頼を基盤として，産業クラスターが形成されていると言える。製品幅を広げ，クラスター内の製作者たちが生き残るという方法を望んでいるのもイタリアの産業クラスターの特徴で，協調関係が重視されているためである。したがって，表面上はライバルという

意識は低く，同じ問題意識を持つ同僚として日常的な交友関係を大切にしている。多くの関係者が「クレモナは世界一」とクレモナの弦楽器製作の優位性や優越性を語っている。例えば，クレモナの製作学校で学んだ中国人が母国に帰国して以来，飛躍的に品質を上げた中国の大量生産品についても，「意識はする」という程度でそれが現実の競合になるとは考えていない。あるいは，工房という小さい世界で仕事と人生が完結しており，外部との情報交換について積極的ではない製作者も少なくない。

　クレモナのクラスターの特徴は，ディーラーや大手楽器店の深い関与にも現れている。演奏家にだけ販売するという製作者もいないわけではないが少数派で，職人の約8割はディーラーや楽器店にも楽器を販売している。必ず年間数本を買い取ってくれるディーラーの存在は，製作者にとっては有難いが，ディーラーとの関わりを深く持つほど，ディーラーの求める質（＝売れる製品）という意味では，製作者が量に走り，自分の納得のいかない作品を作り続けてしまう可能性もある。

　このように企業戦略・競争環境としては，クラスター内でのオープンな技術，量産品普及の中で「一人の製作者による手作り」というこだわり，「クレモナ様式」という伝統的製作方法への回帰，クラスター内に多数の製作者がいることでの全体生産量の拡大，寛容な留学生の受け入れ，ピア・レビューによる技術の向上などが特徴としてあげられる。

3.3.4　関連産業・支援産業

　関連産業では，先に各国のディーラーや楽器店の要求が大きいことを述べてきた。音楽院の設立により音楽家が輩出されるようになり，形を重視する製作から音にも関心を寄せるようにはなってきている。しかし，実際には演奏家との関わりは薄く，職人はヴァイオリンには「形より音」が大切だと答えながら，クレモナには演奏家がもたらす情報が不足していると考えている。音楽院はあるものの，一流の演奏家が育ってクレモナで演奏活動を続けているというわけではなく，ヴァイオリンで有名である割には，一流の演奏家が

訪れる機会も少ない。クレモナは製作の町ではあるが，演奏の町，音楽が盛んな町というわけではない。

　支援産業としては，コンソルツィオ（商業的製作者協会）や ALI（Associazione Liutaria Italiana）（文化的製作者協会）の自主的な設立により，クレモナのブランドを守るためにネットワークがより強化されたことに加え，展示会と製作者コンペティションが 3 年に一度開催されるトリエンナーレなどが重要である。コンソルツィオによる先進国以外の未開拓市場への広報活動は市場拡大の手掛かりとなり，またコンソルツィオによる「一人の製作者による完全な手作り」証明書の発行は，クレモナの製作者たちの意識に少なからず影響を与えてきた。

　このように関連産業・支援産業としては，ディーラーや楽器店など有能な供給業者による買い付け，音楽院の設立による音楽家の輩出，コンソルツィオや ALI の設立によるネットワーク，トリエンナーレが重要である。これらの要素を揃えることで，クレモナの弦楽器製作の生産性が高まり，製作者の生活水準が向上するとともに経済を発展させてきたと言える。

3.4　製品高度化への取り組み

　クレモナでは「一人の製作者による手作り」をセールストークとして，クレモナのヴァイオリンの独自性を表す「クレモナ様式」を創り出そうとしている。クレモナ様式とは具体的な製法というよりは，正確な 1 つひとつの作業を通して実現する全体のバランスや雰囲気を指すことから，実際にはクレモナ製のヴァイオリンを他の地域で作られたものと見分けることは難しい。ストラディヴァリの時代にはギルド制により，技術の継承が血縁関係を中心にしたクローズドな工房内で行われていたわけだが，現代は技術も製作学校を通して学べるようになり，工房間の関係も比較的オープンである。外国人が多く，それ故に帰属意識も高くない職人たちがクレモナを離れないのは，職人同士のピア・レビューにより技術が磨かれている点が大きい。木材の正確な計測ばかりでなく，光の当たり具合，手触りなどを加えた職人の勘によ

って判断される暗黙知的なヴァイオリンの製作技術にとって，製作の途中過程で楽器を見せてマエストロの意見を聞いたり，同僚との意見交換をしたりするフェース・トゥ・フェースの情報交換は極めて重要であり，クレモナという地理的空間は技術や商売の情報の流れを促進し，蓄積するための最適な「場」として機能している。

　もともと弦楽器は他の手工芸品に比べ，価格設定において付加価値の占める比率が極めて高い製品である。ヴァイオリン職人は音楽という芸術の一端を担う芸術家としてみられる風潮の中で，弦楽器も芸術作品の１つとして付加価値の高い製品となった。個性を重視するヴァイオリン作りでは，当然製品の幅が大きくなる。弦楽器の価格は基本的に製作者本人が決定する。もちろん，市場ニーズとの接点を決める必要はあるが，そこには販売するディーラーや大手楽器店の思惑も関与する。弦楽器特有の付加価値の大きさが，今日のようなクラスター内の価格帯の幅の広さを可能としたわけである。製作者自身が技術によってその付加価値を創り出すわけだが，これが製作者の自尊心にもつながっている。価格づけは製作者本人の自信の表れでもある。

　クレモナでは，これまで見てきたように外国人の占める割合が高く，その存在意義も大きい。クレモナのヴァイオリン産業に外国人が参入してきた理由としては，クレモナがヴァイオリン製作のメッカだという世界的評判に加え，外国人の入学に寛容であった製作学校の果たす役割が大きかった。ヴァイオリン学校には，世界中からヴァイオリンを作りたいという意欲のある外国人が集まってきた。

　遠方からクレモナまで楽器製作の勉強に来るという外国人たちは進取の気風に富んだ者たちも多く，古来の保守的なイタリア人製作者より，率先してマーケティングにも販売にも励んできた。もちろん，地元のイタリア人にも優れた人材は多いが，マーケティングや販売活動といった製作以外の側面を果敢に開拓していくという人材は乏しい。ディーラーはイタリア人の楽器を率先して買付けにくる。その中で外国人製作者たちは，オーケストラの演奏家やアマチュアなど演奏者，ディーラーや楽器店など自国を中心とした独自

のルート開拓に努めてきた。販売活動に熱心な製作者がいることで，また，クレモナの名を広める役割を果たしている。

　楽器は音楽と演奏者の媒体となる製品としての特性があることからも，製品自体の良し悪しを評価することが難しい。この曖昧さこそが，クレモナのブランドを確立させる要因となってきた。製作学校は大量の製作者を輩出した。そして，ディーラーが入り込むことで，その楽器を音に敏感なプロの演奏家でもなく，廉価なヴァイオリンに甘んじるアマチュアでもない，「高額過ぎない手作りの楽器が欲しい」中間層にうまく取り込んだことで，クレモナのヴァイオリン製作は一気に隆盛期となった。中間層を狙う競争者がいなかったからである。オールドやモダンイタリー・ヴァイオリンの希少性も相まって，その後クレモナの楽器は中間層からプロの演奏家層にもターゲットを拡大させてきた。こうしたハイエンドユーザーの獲得は製品高度化にも貢献している。

　クレモナの新作ヴァイオリンは「伝統からの脱却とクレモナの新しいスタイルの開発」によるものである。技術の継承は製作学校を中心に行われてきた。これは，クレモナの製作者のほとんどが製作学校出身者であることからもわかる。クレモナの伝統的な方法を守ろうとするビソロッティ，オープンに知識を提供し広く後継者を育てようとするモラッシ，製作学校で奮闘するスコラーリなど，今や大御所となった製作者たちの求心力で，クレモナは産業クラスターとして復活したのだ。新作ヴァイオリンのイノベーションは，これらの現代の巨匠たちがいなかったら起こり得なかったものである。クラスターとして，製作者同士の情報交換を密にし，技術・商売上の利点を生かしながら，近年のクレモナのイノベーションは起こったといえるだろう。

　これらの考察から，「新作ヴァイオリンのイノベーションは製作学校が装置となり，クレモナ人が環境整備を整えながら，そこに外国人が集まることで技術向上と市場の広がりをもたらした」と言える。過去の名器を排出した時代と同じように，やはり外部からの血は重要な要素であった。イタリア人のためのイタリアの製作学校では，ここまで産業クラスターとして発展して

くることは難しかったであろう。外国人の存在は，新作ヴァイオリンのイノベーションに不可欠であった。母国に帰った製作者も，世界でヴァイオリンという楽器を広め，またクレモナの名前を広めることに貢献している。

　ヴァイオリン製作は決して神秘的なものではない。1つひとつの正確な作業の積み重ねと経験が，見た目にも美しい楽器を作るために必要な技術になっている。もちろん古い木材の入手はより好ましいだろうし，ニスの配合には製作者独自の考案によるところが大きいが，基本は製作学校で学んだものが使われている。クレモナの技術が製作者たちにオープンなのは，ヴァイオリン製作に秘訣はないからである。

　それでもより美しい楽器，より音のよい楽器を作れるのは，製作者の感性によるところが大きい。技術系出身の製作者が正確な寸法で，きっちりした仕事をしても，必ずしも美しい楽器が作れるわけではないのは，ヴァイオリン製作は製作者そのものであるからである。頭脳明晰だから，あるいは説明能力が長けているからといって素晴らしい楽器が製作できるわけでもない。ただ，優れた楽器を作る製作者たちは，それぞれの哲学を持って製作している。その製作者の人生観，美的感覚といったものが，楽器からは読み取ることができる。

　製作者が商売上の理由でディーラーにうまく使われるというようなことを避け，当然ながら「できる限りよいものを追求していく」(ピストーニ氏[15])こと，自分自身との対話の中で「常に前進していくこと」(高橋明氏[16]) に尽きる。そして，その模索すべき中には「すべて一人の製作者による手作り」ということ以上に重要な要素が含まれているかもしれない。このように，製品の高度化を進めてきたクレモナだが，ストラディヴァリを超える楽器の製作には未だ至っていない。クラスターの新たなイノベーションのために，個人の製作者の枠を超えた積極的な取り組みが期待される。

景徳鎮の陶磁器産業クラスター

　ここで，対比例として中国・景徳鎮の陶磁器産業クラスターの特徴をダイヤモンド・モデルにより紹介しておく。要素条件としては中国髄一の陶磁製造クラスターとしての伝統，技術を教える景徳鎮陶瓷学院，国家主導の文化政策と地方自治体による資金援助，原材料調達のしやすさ，独立起業のしやすさ，国宝級の陶芸家や陶瓷学院の教授陣の存在などがあげられる。需要条件としては，近年までの官官接待を中心とした高額品のニーズと好景気に支えられた投資としての美術品のニーズ，出身地域を軸とした独自の販売ルート確立，国内人口が多いことによる大量の注文などがある。企業戦略・競争環境としては，クラスター内でのオープンな技術（コピーすることに罪悪感がない），量産品と芸術品の二極化，芸術品は倣古品[17]と創作芸術品の二極化，クラスター内に多数の製作者がいることでの全体生産量の拡大などがあげられる。関連産業・支援産業としては，毎年開催される中国景徳鎮国際陶瓷博覧会の他，景徳鎮陶瓷器博物館，中国陶瓷城，国際陶瓷博覧センターなど陶磁器関連施設，大企業の大半が位置する工業区などがあげられる。もっとも，これらの条件を備えながらもクラスターの製品は高度化に向かっていないのが現状である。

4　製品高度化の条件

　本節では，これまでに見たシリコンバレーとクレモナの事例研究から，製品高度化の条件について考察していきたい。2つの産業クラスターをみると，最先端と伝統的手工芸という構造や製品の違いもある産業クラスターではあるが，双方に共通する点も多々あることがわかる。そこで，成功している産業クラスターとして，両者の共通点を探りつつ，対比される景徳鎮の分析を織り交ぜながら，製品高度化のメカニズムについて捉えていくことにする。

4.1　前提条件

　まず，景徳鎮を含む3つの事例に共通しており，一般論にも通じるであろう製品高度化のための前提条件を提示しておきたい。

4.1.1　スポンサー：技術開発のための財政的支援

　産業クラスターには，多数の企業や関連産業が集積している。クラスターの発展を考えた時，多数の企業が同時に存続するための第一の前提条件となるのは，技術開発を促す財政支援システムである。

　シリコンバレーには，初期の段階で図らずも国防関係とつながったことで国防予算からの入札が多かったことが，国家需要に応える製品の売上を確実に伸長させ，結果的に政府を大きなスポンサーとして成長してきた。中核となるスタンフォード大学でも，政府からの受託研究資金が技術研究開発を大きく支えている。

　クレモナの場合には，国家戦略の一部としてクレモナをヴァイオリン作りの町として再生させてきた経緯があり，さまざまな行政レベルで支援されている。特に公的支援により国立の製作学校を設立し，国際的な人材の育成にあたっている点で行政は大きく貢献している。製作学校や音楽院の運営を支えるスタウファー財団の資金援助もまた，クラスターの存続・発展に不可欠な存在であった。

　このように，方法は異なるものの公的資金を使って成長を遂げたことは共通しており，技術開発を促すための人材育成を中心とした政府・行政・財団等からの資金援助は，クラスターの製品高度化の前提条件の1つとなる。

4.1.2　国際的な知名度：ブランド

　前提条件としての第二は，歴史を背景とする産業クラスターのブランド力である。

　米国の西海岸にあるシリコンバレーは，ヨーロッパや東海岸の産業に比較すると歴史は新しいが，理系人材が好きで集まるさまざまな実験の場を土壌

として，半導体を中心とした産業クラスターとして知られるようになってから久しい。産業の中心分野を変容させつつも，シリコンバレーという知名度の高さは，豊富な人材ばかりでなくベンチャー企業や投資家を惹きつけ，新たなビジネスの展開を促進する役割を果たしている。

クレモナは，400年以上の歴史を持つヴァイオリン作りのメッカとして知られている。ストラディヴァリの名は，クレモナのブランド価値を高め，その名前に寄せられて，世界からヴァイオリン作りを目指す人材が集まってくる。また消費者もクレモナの楽器というだけで付加価値があると考え，高い値段で購入してくれる傾向にあり，世界から販売業者が参入してきている。歴史的な経緯の中で培ったブランド力は産業クラスターの製品高度化を考える上で，前提条件の大きな柱として捉えられる。（ブランドについての詳細は，第3章を参照のこと。）

4.1.3　グローバル・マーケット：市場規模

産業クラスターが成り立つ前提条件の第三は，多数の企業が作り出す大量の製品が消費される量的市場が存在する点である。

シリコンバレーの製品は，多くがBtoBすなわち，顧客は企業であり，完成品に必要な部品として，世界に広い市場を獲得している。量的市場を持つことで，はじめてクラスターとしてのブランド力も高まり，顧客からの信頼度を高めることができる。

クレモナでは，個人の製造する楽器には量的限界があるが，これを多くの職人が集まるクラスター製の製品として大量に流通させることで，クレモナ産の楽器の知名度を上げている。グローバルな人材を集めた結果，世界中に販売ルートが確保されたことで，世界に大きなマーケットを創造することができ，知名度と信頼という商売のための付加価値にもつながっている。

4.1.4　グローバル人材：技術者層のボリューム

そして第四の前提条件として製品高度化に不可欠なのは，技術力の源泉と

なる人的資源の豊富さである。グローバルに人材を集めることで，その中から選りすぐりの優秀な人材を多く輩出するメカニズムは，インクリメンタルな製品の高度化に不可欠である。

シリコンバレーではスタンフォード大学を中心に世界各国から優秀な人材が集まり，卒業後もシリコンバレーで就職したり，起業したりすることが多い。シリコンバレーでは高学歴の理系人材の比率が高く，企業間を移動しながらもシリコンバレーにとどまることが多いことから，その技術者層の厚さは他に類を見ない。中国，インド，ロシアなど多様な国籍の優秀な技術者層が開発に関わっていることが，クラスターでの製品の高度化に不可欠な要素となっている。

クレモナでも同様に，製作学校には国際色豊かな人材が集まり，その中から優秀な人材が輩出されている。製作者コンペティションで優勝する制作者にも外国人が多い。技術志向の強い外国人の存在は地元のイタリア人にも刺激を与え，製品を高度化するために必要な技術開発力の前提条件となっている。

4.1.5　前提条件に関する景徳鎮の評価

一方で中国の景徳鎮をみても，総じてこれらの前提条件については満たしていると捉えられる。景徳鎮は，宋代から明・清時代を通して最盛期にあった陶磁器生産において1,000年以上の歴史を持つ。長きに渡り世界最高峰の製品を作り続けることができた景徳鎮の栄華は，歴代皇帝のニーズと公的資金による官窯の設置があったからこそ実現したものである。さらに，国内需要のみならず，オランダ東インド会社により貿易品として欧州に輸出されるようになったことで，官窯に代わって民窯が隆盛を極めるようになり，いっそう製品の高度化が進められた経緯がある。その後，計画経済下において十大国営工場での生産に移り，普及品を主として生産されるようになり，その後はこれらの国営工場も崩壊して，脈々と続いてきた生産技術は途絶えてしまった。もっとも，この数年国家主導でのクラスター再建計画が進捗してお

り，多額の設備投資を行って整備が進んでいる。ただ，昨今では普及品は言うに及ばず，ハイエンド向けの倣古品，新作オブジェともに国内需要が中心である。近年では，従来の慣習であった官官接待が禁止されたことで，ハイエンドの需要も激減していることから，ニーズのないところに生産している状況となって，需給のバランスがまったく崩れてしまっている。また，人材育成は国立の陶瓷学院が担っているが，国内学生が中心で，クラスターに国際的な人材を集めているわけではない。とは言え，中国では国内需要や全土から集まってくる人材だけでも十分なボリュームがあることから，製品高度化の前提条件は備えていると考えてよいだろう。

4.2 必要条件

次に，こうした前提条件が揃ったクラスターにおいて，製品高度化が可能となるための必要条件として，成功するクラスターの四点を提示する。

4.2.1 技術者スピリッツを持つリーダー

第一に，ものづくりが高度化に向かうための重要なポイントとして，技術者スピリット（職人魂）を持つリーダーの必要性である。高度な技術を持つ技術者や職人といった専門性の高いプロフェッショナルを扱うものづくりでは，リーダーシップを取るトップが，その技術に精通していることが不可欠である。

シリコンバレーでは，例えばアップル社のスティーブン・ジョブズ（Steven Paul Jobs（1955-2011））のように，クラスターのリーダーである大企業の経営トップが，自ら技術開発に携わりながら企業を成長させてきた例が多い。開発途中で使い勝手を自ら試し修正していくことで，研ぎ澄まされたデザインとユーザーにとって使い勝手のよい製品が完成していく。製品開発の意思決定をするために，技術カンパニーでは社長自らがワクワクしながら熱中してものづくりをすることで，イノベーションが継続して創発されることになる。

クレモナの場合も，製作者たちのトップに君臨するビソロッティ，モラッシ，スコラーリは技術的にも優れた職人であり，高齢ではあるが現在でも素晴らしい楽器を製作し続けている。（ちなみに，ストラディヴァリは93歳までヴァイオリン作りを続けていた。）ビソロッティもモラッシもスコラーリもそれぞれ異なる製法ではあるが，楽器製作の探究を日々続けており，その熱意はクラスターの向かうべき方向性を示しながら，職人たちが真摯にヴァイオリン作りに励む姿勢を誘発している。彼らは，弟子筋にあたる職人たちの楽器を，製作過程でアドヴァイスすることも多いが，自らの製作経験と技術的試行錯誤の経緯があって，はじめて頑固な職人たちを納得させ，クラスターの製品の高度化へと向かう方向づけをすることができる。

4.2.2 専門家同士のピア・レビュー（相互評価）

第二に，産業クラスターの最大のメリットは，日常的に移動可能な範囲にピア・レビューの場が多く存在し，これを利用できる点にある。プロフェッショナルの技術を磨くのは，自らの研鑽によるところが大きいが，特に同業者からの評価は日々の努力が正当に報われる機会としても重要となる。

シリコンバレーでは，企業間のアライアンスは製品ごとに変わってくる。製品を開発し製造するために必要な技術を持つ企業をその都度探すことになるため，常に各社の技術情報は厳しいピア・レビューのもとに曝され判断材料とされている。シリコンバレーでは高い専門的知識を持つコミュニティが形成されているからこそ，信用性が高い情報が流通すると言える。

クレモナでも，ピア・レビューは欠かすことができない。工房での一人作業では情報交換は難しいが，製作学校の同級生など職人仲間との日常的な行き来の中で，ライバルの楽器を見る機会は多い。粗悪な楽器を作れば，狭いコミュニティの中ですぐに評判になってしまう。狭い職人の世界では，ビジネスがうまく高い価格がつけられているからといって，尊敬されるわけではない。コンソルツィオやALIといった公的なネットワークや製作コンペティション以上に，同窓生，同級生，同僚による日常的なピア・レビューの場

が存在することが，製作者の技術を向上させるモチベーションにつながっている。

ここで重要なのは，専門性の高いプロフェッショナル同士が技術や成果を評価する場が存在することと同時に，それが実際に評価の場として利用されているという点にある。

4.2.3　顧客の鑑識眼

第三に，製品高度化のための技術の向上には，顧客の高い要求が不可欠である。

BtoB が基本であるシリコンバレーでは，多くの場合顧客は企業である。部品メーカーは，取引先企業がイメージする製品を完成させるために，自社の持つ技術を土台としながら，さらに顧客の高度な要求に応えることで，製造開発技術を進化させていくことになる。また最終製品に関しても，まずはローカルにいるマニアックな個人ユーザーの高度なニーズを満たすような製品開発がされる必要があることから，エンドユーザーである消費者も技術開発のドライバーとなっている。

クレモナでは，中間層を狙った製品群が中心であることから，ヴァイオリンを使う音楽家からの直接的な要求はそれほど影響力があるとは言えない。大きな力を持つのは，大量注文をしてくれるディーラーや大手楽器店である。彼らは製作者が売れる楽器を作るようにと，形や色といった形状的なものに対しての要求をする。これは，例えば米国ではオールド風にニス塗りした楽器が好まれるが，日本では新作と見える一色のニス塗りが好まれるなど，国によってニーズも異なるといった事実があるからで，こうした要求により結果的にはクラスター内で多様な楽器が製作されている。現在のクレモナは，クラスター内の工房には在庫がないという事実からも成功しているクラスターであると言える。今後，さらにクレモナの楽器に対して音楽家の関与が高まるようになれば，形ばかりでなく演奏するための楽器として「音」に関する要求も高まり，クレモナの楽器がハイエンド顧客となる一流演奏家に使わ

れる比率も一層高まるであろうと思われる。

4.2.4　技術者の感性

第四に，高度なものづくりに必要となるのが，実際に技術開発に関わる現場の技術者や職人の感性である。後に述べるように，技術者の感性はイノベーション創出の原点でもある。

シリコンバレーでは，経済活動ばかりではなく芸術のアクティビティも盛んである。例えば，スタンフォード大学は学生の芸術的活動への支援にも積極的で，こうした活動やイベントに卒業生や地元市民が参加できる機会も多い。所得の高い層が集まるこの地域では，情操教育も盛んである。シリコンバレーで毎年開催される音楽祭のレベルも高く，周辺では多彩な芸術活動が繰り広げられている。自身が芸術活動に直接関わらなくても，家族が関わっていたり，鑑賞する機会も多く，感性が磨かれるような質の高いイベントが多く開催されているのが特徴である。

クレモナは，美に対して徹底したこだわりをもつイタリアの一都市である。イタリア人の持つ美的意識は世界でもトップクラスであり，クレモナの町は長い歴史が刻まれた美しい建物に覆われている。美ということに対し細部まで徹底したこだわりを持つ気質は，イタリア人ばかりでなくクレモナで学ぶ外国人にも引き継がれ，ヒアリング調査からも美しいものを目指す感性として刻まれていることがうかがえる。

ハイエンド向けの高度な製品を生産するためには，現場の技術者にも技術的専門知識ばかりでなく，美に対するこだわりや，美しいものやホンモノの価値を見分けられる教養と感性が求められる。

4.2.5　製品高度化への条件に関する景徳鎮の評価

一方で対比される景徳鎮では，これらの条件を満たしていないことがわかる。景徳鎮では，大半が中小企業で，基本的に職人・企業は独立独歩である。景徳鎮と同じように陶磁器を製造する日本の有田では卸問屋が大きな役

割を果たしているが，景徳鎮では有田のような卸問屋が存在しないため，クラスターを牽引すべき陶芸家や陶瓷学院の教授陣も，独自の販売ルートを開拓する必要があり，現金を得るための商売に熱心にならざるを得ない。したがって，技術的なクラスターのリーダーが不在である。競争心は強く，景徳鎮国際陶磁博覧会などピア・レビューができるような場もあるが，これらは商売の場として捉えられ，技術の向上には有効に活用されていない。一方でハイエンドの消費者も，長年，官官接待による贈答品が中心であったことから，鑑識眼が発達してこなかった。投資家も製品の質よりは将来の値上がり率が関心の中心である。製品価格は社会的なステータスに連動することから，生産者側にも製品を高度化するためのモチベーションがわかない。職人も景徳鎮ではホンモノを見る機会が少なく，分業体制を敷く工場ではiPodで音楽を聴きながら作業をしており，凛とした日本の柿右衛門工房と比較するまでもなく，現場は作品に向かう真摯な態度に欠けているように見受けられる。このように，企業や関連産業が集積しクラスターを形成してはいても，リーダー不在で各自・各社が勝手に活動をしている状況であることから，クラスター内部での「競争と協調」のダイナミックな関係も構築されないことが，クラスターの発展を阻害してきたと考えられる。

5 ┃ 高度なものづくりへの移行メカニズム

　本章のまとめとして，産業クラスターにおける高度なものづくりへの移行を促進するメカニズムに必要な機能として，「ビジネス・プロデューサー」の存在を主張したい。

5.1 ビジネス・プロデューサーの必要性

5.1.1 ビジネス・プロデューサーとは

　産業クラスターの発展には，ハイエンド向けの製品を提供することで高度なものづくりへの技術革新を続けていくことが必要である。もっとも技術開発者や職人自身が，市場の潜在的ニーズや将来性について十分に把握しているとは限らない。優秀な技術者だからといって，必ずしもマーケティングのセンスがあり，外部との接点としてうまく立ち回れるというわけでもない。例えばクレモナでは，商売に対して熱心な職人と，製作にしか興味がない職人に分かれるが，職人仲間の間では商売に熱心な職人に対して概して批判的である。そこで主張したいのが，「ビジネス・プロデューサー」の必要性である。

　これまでに述べたように，シリコンバレーやクレモナに対比される景徳鎮の陶磁器クラスターの衰退要因を分析すると，往年の官窯を踏襲した国営工場が崩壊した後，クラスターを牽引すべき立場である国家級陶芸家や陶瓷学院教授陣が商売を優先して倣古品制作や創作芸術制作に傾注した結果，クラスターの技術革新を促すようなリーダーが存在してこなかったことが原因の1つであることがわかった。そこで強調されるのが，「ビジネス・プロデューサー」という機能であり，クラスターにおいてものづくりを高度化させるためには，自律し競争する個を結びつけ，協調させながらビジネスとして成立させる存在が重要だということである。

　プロデューサーという言葉は，映画やコンテンツ産業で使われることが多いが，ここでは「ビジネス・プロデューサー」を，資金の調達，新市場を創造するための新たな製品のデザイン，その製造に必要なアーキテクチャの設計，部品や工程に関連する技術各社への采配，完成品を販売・市場への流通を担う包括的な役割として定義する。最終的な利益責任を負うことから，ハイリスク・ハイリターンなビジネスを担う。特にクラスターの技術を牽引するハイエンドユーザー向けの製品開発には，個々の中小企業では負いきれな

いリスクも伴うことから，こうしたビジネス・プロデューサーの存在が不可欠である。

シリコンバレーの場合には，アップル社やシスコシステムズ社といったリーダー的大手企業が，このビジネス・プロデューサーの役割を果たしており，各企業との連携を製品に応じて変化させながら，最終製品として完成させて販売し，販売リスクも負っている。昨今ではこうした大企業のものづくりは，他企業のリソースを活用するオープン・イノベーションにシフトしている。その意味でも，製造大手企業の役割が製造業からプロデューサー業に変化してきたと言える。先端産業で作られる電子製品とヴァイオリンのような手工芸的製品では「製品と技術」のパターンも異なるが，電子製品も手工芸的な製品の楽器も，アーキテクチャの側面からみると，「全体設計」と「擦り合わせ」の機能を担うことが製品高度化の鍵であることは共通している。それ故に，こうした機能を担うビジネス・プロデューサーの存在と能力が，クラスターの盛衰を決定する1つの大きな要因になることが主張される。

クレモナの場合には，クラスターの技術的な牽引自体は3名のマエストロによるところが大きいが，実は，市場を理解する外部からの各国のディーラーや大手楽器店が，こうしたビジネス・プロデューサーの役割を果たしている。海外のディーラーや楽器店は，市場ニーズに合致するようにクレモナの製作者たちにアドヴァイスする代わりに，製品はすべて買い取ってくれるため，職人の工房には在庫を置かず，製作者は販売についてのリスクを負う必要がない。こうして，クレモナではストラディヴァリの時代に栄華を極めたヴァイオリン産業が一度は消滅したものの，牽引するマエストロたちと外部のディーラー・楽器店による協調的な関係が構築されたことで，持続的なオープン・イノベーションを具現化することができた。名器復興を目指した新たな製品高度化が，職人がリスクを負うことなく進められ，世界でも類をみない一大ヴァイオリン産業クラスターを構築している。他の国や地域でもヴァイオリンを作り，製品の高度化を目指すことは可能ではあるが，多くの職人がクレモナにとどまるのは，原材料の入手のしやすさや販売面での有利さ

ばかりでなく，こうしたオープン・イノベーションに参画することで，自らの技術や感性が磨かれていくメリットの大きさを感じているからである。職人の技術や感性が洗練されることで，競争する個を支え，協調関係が促されながら，クラスターの製品高度化につながっていく。

　もっともクラスターの持続的な発展には，ビジネス・プロデューサーが産業クラスターの内部にいることが望ましい。クレモナでは外部のビジネス・プロデューサーが采配してきたために，楽器として不可欠な「音」よりも，「形」を重視した製造が行われてきたと言える。ビジネス・プロデューサーには，市場への先見の明を持つクリエイティブなアイデアと，人・技術・製品への優れた鑑識眼をもって，技術開発者や職人たちに何が必要とされているのかを的確に伝え，新たな市場を創造することが求められる。そのためにも，ビジネス・プロデューサーにはクラスターを牽引する意志を持つ強いリーダーシップが必要とされる。こうしたクリエイティブで鑑識眼を持つビジネス・プロデューサーの人材を育成していくことこそが，産業クラスターにおける製品高度化にとって重要課題となる。

5.1.2　ビジネス・プロデューサーのしごと

　技術開発者や職人が技術者スピリッツを持ってものづくりを続けていくためには，一方で，消費者を育成していくことも重要な課題である。ものづくりの高度化とマーケティング戦略の両輪のバランスを取ることで，安定した成長も期待できる。そうした舵取りをするのが，ビジネス・プロデューサーの役割でもある。

　企業やクラスターが成長段階のどの段階にあり，何を目指すのかによって，ものづくりの方向性やマーケティング戦略も変わり，顧客をどのように育てていくのかという方針も決まってくる。その意味でも，産業クラスターの発展のためには，戦略的思考にあたりエンジン的役割となるビジネス・プロデューサーが不可欠だと言える。

ビジネス・プロデューサーとしてのヤマハ

　浜松（静岡県）は，ピアノ製造企業が集積するクラスターである。中心となる世界最大手の楽器メーカーであるヤマハ株式会社では，ピアノを中心とした多様な楽器製造について，全体設計と擦り合わせの部分を担いながら，モジュール化した部品の製造をクラスター内の中小企業に任せている。これらのメーカー群は技術開発に熱心で，ヤマハの製品の高度化に大きく貢献してきた。ヤマハはビジネス・プロデューサーとしての機能を果たすと同時に，利益責任を負っている。クラスター内にある多くの中小企業を支える立場からも，まずは国内外に楽器を普及させることが必要であったことから，早い段階から音楽教室の事業展開により演奏する楽しさを伝え，楽器販売につなげてきた。また管楽器の普及には，全国の学校にブラスバンドの指導者を派遣してきた。さらにヤマハは，各種の音楽コンクールを主催することで，習学者の意欲向上を図っている。こうしたビジネス・プロデューサーの機能の担う企業のリーダーシップが，クラスターにある企業群を支え技術革新につなげている。

　京都の西陣は日本を代表する伝統的な織物産業のクラスターである。西陣の織物は，20工程以上に細分化された専門分業により製造されている。京都は都として栄えてきた長い歴史を持ち，西陣の織物も，皇室や寺社仏閣，京都の町衆，大坂商人など，多様なハイエンドユーザーたちのニーズに応えるように発達してきた。そのため産地の製法を一つに限定せず，綴，緞子，朱珍，絣，紬といった多様な製品を可能とする生産システムを構築してきた。

　西陣では産地問屋である織元企業がビジネス・プロデューサーの役割を果たしており，デザインから職人の采配，卸問屋への販売まですべての責任を持ちつつ，各工程の職人たちへの金融業も兼ねている。近年では着物需要の減少によりクラスターにもかつてのような活気がなくなったが，危機感を感じた織元の若手後継ぎたちがリーダーシップを取り，オープン・イノベーションを進めるべく，デザイナーとのコラボレーションや産官学連携により新たな展開を進めている。ビジネス・プロデューサーには，こうした西陣の伝統に培われた高度な技術や生産システムをいかに活用していくか，さらに，

いかに新たな価値を有する製品を創造していくかといった創造性が求められている。

5.2　ビジネス・プロデューサーのしごと能力

ビジネス・プロデューサーに必要とされるしごと能力としては，創造性を支えるコンセプチュアルな感性，コミュニケーションの感性，テクニカルな感性が重要である。

5.2.1　コンセプチュアルな感性

ビジネス・プロデューサーには，「美しい」デザインを考え，その製造に携わる企業のリソースを使ってオープン・イノベーションを促すことが求められる。ここでの美しいとは，単に形や表層的なデザインではなく，消費者にとって使い勝手がよく，部品を製造するメーカーにとっては，その要求により現在の自社の技術を一層高めイノベーションを促すような，程よい要求の度合いを指す。こうした美しさを実現するためにも，ビジネス・プロデューサーには市場と技術を鳥瞰的に見据えて製品開発につなげる豊かな感性が不可欠である。

5.2.2　コミュニケーションの感性

もっとも，高度な製品を創り出す技術開発に必要な情報は，その辺にただ転がっているものではない。したがって，技術開発に必要な情報を，それを持つ企業や人から引き出す能力も非常に重要である。そこでビジネス・プロデューサーに必要とされるのが，コミュニケーションの感性である。

イノベーションとは，単に顔をつき合わせて話をすることで生まれてくるわけではない。企業も，技師も職人も，本当に重要な情報は公開しない。しかし，自ら情報を小出しにしながら，必要な情報を収集し，相手の技術を探り，それらをうまく結び合わせていくことでイノベーションが生まれてくる

のである。オープン・イノベーションを創出するにあたっても，こうしたフェース・トゥ・フェースのコミュニケーション能力は不可欠である。まずはコミュニティの一員として認められない限り，よい情報も人も集まらない。産業クラスターの限定的な地理的距離は，こうしたプロフェッショナルのコミュニティを構築させながら，内外に飛び交う膨大な情報の中から適宜必要な情報を引き出し，また発信するためにふさわしい空間となる。

さらに，ビジネス・プロデューサーばかりでなく，現場の技術者や職人にも，公式，あるいは日常的な相互のやり取りの中で，情報を引き出し，製品の高度化や新しいアイデアの発見につなげるコミュニケーション能力としての感性が必要であることを付け加えておきたい。

5.2.3　テクニカルな感性

こうした高度に洗練された製品コンセプトや専門家同士のコミュニケーションの土台となるのが，技術的スキルに裏打ちされたテクニカルな感性である。専門的かつ体系的な知識を習得するのは，こうした感性を磨くためである。消費者がワクワクするような高度化された製品を創造するためには，まずは現場での胸高鳴る熱い思いが不可欠である。そのためにもビジネス・プロデューサー自らが製品開発に直接関わるスタンスを保つことで，技術者のモチベーションを高め，イノベーションにつながる開発へと導く必要がある。

同質性が高く限定的な地理的範囲にある産業クラスターでは，頻繁に行われるピア・レビューが，製品の高度化のための技術研鑽とオープン・イノベーション創出の契機となる。ものづくりの基本は技術である。テクニカルなスキルを土台とする感性なくしては，高度な製品を生み出すイノベーションは生まれてこない。

5.3　むすび

これまでクラスターにおけるビジネス・プロデューサーの重要性について述べてきたが，先に触れたようにイノベーションの原点は技術者のクリエイ

ティビティにある。高度なものづくりでは，専門的知識の蓄積の上に，他者・他社から情報を引き出し，新しいアイデアに結びつけることが求められるが，これは，日々プロフェッショナルとしての研鑽を重ね，地道な自分の技術への探究があって初めて生まれるものである。その意味では，シリコンバレーのような最先端企業クラスターも伝統的手工芸クラスターも，日常的な技術研鑽の積み重ねの上に成り立っている。イノベーションとは新しいものを追うだけではなく，伝統を追究することからも生まれてくる。クレモナのような伝統産業では，伝統を取り戻そうという日々の試行錯誤が新たな展開を創造することにつながる。ただし，その成功を決定付けるものは，地道な努力の中から何を見出せるかである。そこに必要とされるのは，技術に携わる人々のクリエイティビティである。

　シリコンバレーが成功しているのには，自由な気風があふれるベイエリアの土地で，自然と人々のクリエイティビティが育まれ，人と違うことを創造することが評価されるという環境にあることも大きい。イタリアでも，高い美意識は伝統的に受け継がれており，デザインを重視するクリエイティブな産業では，イタリアは大きく世界をリードしている。それに比べると我が国のものづくりは，技術に優れ，性能にも優れているものの，「美しさ」という側面ではグローバルな競争下において優位的なポジションにはないように見受けられる。

　市場やユーザーが何を望んでいるのかを把握することはたやすいことではない。ものづくりでは標準化が進み，新たな企業からの参入障壁が低くなっている昨今の状況からも，製品の差別化は一層難しくなってきている。企業や産業の持続的発展のため利益を確保するには，無駄な競争をせずに市場を獲得するような新たなビジネスモデルを見つけなくてはならない。このためには既存の軸を変える市場への視点も求められ，ビジネスにおけるクリエイティビティの重要性は一層高まっている。産業クラスターにおいても，原点となる技術者の感性をベースにしながら，製品をさらなる高度化へと導き，オープン・イノベーションを仕掛けるクリエイティビティにあふれたビジネ

ス・プロデューサーの存在が，その発展の鍵を握っている。

6 おわりに

　本研究の意義は，製品と技術のパターンの差異を考慮しつつ，最先端と伝統的産業クラスターに通底するビジネス・システムを捉えようとした点にある。本章で取り上げた少数の事例だけでは，一般化につながる理論を構築することには限界があるが，少なくても共通する要因を抽出することで，産業クラスターを発展させる仮説とすることはできた。シリコンバレーやクレモナの成功事例からは，産業クラスターにおける製品高度化のためにはオープン・イノベーションが不可欠であり，そのメカニズム構築にはビジネス・プロデューサーの機能が必要だということがわかった。過去に栄華を極めた景徳鎮において，近年製品が高度化されてこなかったのは，こうした機能が不在なために競争ばかりが優先され，協調関係の構築が促進されてこなかったためである。

　オープン・イノベーションが求められる時代であるからこそ，多様なプレイヤーからの技術やリソースを束ね，それらを新たなエネルギーとして変換するエンジンとなるようなビジネス・プロデューサーの機能が必要である。そして，このビジネス・プロデューサーに究極的に求められるのは，技術に支えられた感性の豊かさと，市場を創造するクリエイティビティなのである。もちろん，こうした美しいものづくりには現場レベルでの技術者や職人たちの感性が土台となる。こうしたものづくりに関わる人的資源の育成は，我が国の産業・企業の発展にとっても重要な課題である。

　最後に，本稿で多くの紙幅を割くことができなかった産業クラスターにおける競争と協調の関係性や，クラスターを分析する際のダイヤモンド・モデルの課題，研究開発者の持つべき感性やクリエイティビティといった内容に関する議論の詳細については，今後の研究課題としたい。なお，本稿は拙著

『産業クラスターのダイナミズム』の一部を，その後研究を進めた上で修正を加えたものである。ここにすべての方のお名前をあげることはできないが，研究助成をいただいた日本学術振興会及び研究に協力していただいた多くの国内外の研究者，実務家，製作者，友人・知人の皆さまには，この場をお借りして改めて感謝申し上げたい。

注

1) 「モジュール」「擦り合わせ」といった製品アーキテクチャの観点から「製品－技術」を捉えた過去の研究では，シリコンバレーや楽器などの製品を取り上げている。

2) HP ホームページ「ハイテク業界のみならず，歴史家，技術者，その他多くの人々からシリコンバレー発祥の地と認められています」（このガレージは2005年に復元されている。）
http://h50146.www5.hp.com/info/feature/coverstory/06_garage.html（2014年9月10日参照）。

3) 当時は，工学は理学部で教えられていた。

4) マイクロウェーブ周波で電磁波を生成できる世界初のチューブ。

5) 2018 Silicon Valley Index による。

6) 2018 Silicon Valley Index によれば，25歳から44歳までのシリコンバレー人口比率は30%であるが，サンフランシスコでは39%となっている（全米では26%）。

7) JETRO 岡田俊郎「シリコンバレーのダイナミズム」（2013年12月16日）。

8) 1996年実績でシリコンバレー全体では1000億ドル，スタンフォードチームが立ち上げた100の企業で650億ドルを占める。(Jon Samdelin "Co-Evolution of Stanford University & Silicon Valley" プレゼンテーション資料)。
http://www.wipo.int/edocs/mdocs/arab/en/wipo_idb_ip_ryd_07/wipo_idb_ip_ryd_07_1.pdf（2014年9月10日参照）。

9) Stanford University office of technology science 資料より。

10) Stanford Face 2018 http://facts.stanford.edu/research/（2018年6月15日参照）

11) 初期のテナントには99年のリースを行った。

12) Stanford Researchpark http://stanfordresearchpark.com/（2018年6月15日参照）

13) IP=Intellectual Property rights

14) 政府統計によれば2014年71,700人，2018年の人口は推定74,510人である。

15) クレモナのヴァイオリン製作者　Primo Pistoni 氏。

16) クレモナのヴァイオリン製作者　高橋明氏。

17) 伝統的な作り方を踏襲したもので，レプリカから当時の風合いを表現する高級倣古まで幅広い。

参考文献

石倉洋子・藤田昌久・前田昇・金井一頼・山﨑朗［2003］『日本の産業クラスター戦略―地域における競争優位の確立』有斐閣.

伊丹敬之・松島茂・橘川武郎編［1998］『産業集積の本質：柔軟な分業・集積の条件』有斐閣.

稲垣京輔［2003］『イタリアの起業家ネットワーク：産業集積プロセスとしてのスピンオフの連鎖』白桃書房.

梅田望夫［2006］『シリコンバレー精神―グーグルを生むビジネス風土』筑摩書房.

枝川公一［1997］「シリコンバレーが示す『永続革命』」『中央公論』1997年8月号，pp.148-165.

――［1999］『シリコン・ヴァレー物語―受けつがれる起業家精神』中央公論新社.

大木裕子［2005］「インプロビゼーションを通じたダイナミックケイパビリティの形成：シスコシステムズの組織能力」オフィス・オートメーション学会『オフィス・オートメーション学会誌』vol.26, No.1, pp.45-51.

――［2009］『クレモナのヴァイオリン工房―北イタリアの産業クラスターにおける技術継承とイノベーション』文眞堂.

――［2011a］「シリコンバレーの歴史：進化するクラスターのソーシャル・キャピタルに関する一考察」『京都マネジメント・レビュー』第18号，pp.39-59.

――［2011b］「電気自動車（EV）開発における標準化戦略とその課題：テスラ・モーターズを事例として」『京都マネジメント・レビュー』18号，pp.139-151.

――［2014］「景徳鎮の陶磁器クラスターにおけるイノベーション過程に関する考察」『京都マネジメント・レビュー』24号，pp.1-29.

――［2015］『ピアノ　技術革新とマーケティング戦略』文眞堂.

――［2017］『産業クラスターのダイナミズム：技術に感性を埋め込むものづくり』文眞堂.

岡本義行［1994］『イタリアの中小企業戦略』三田出版会.

小川秀樹［1998］『イタリアの中小企業―独創性と多様性のネットワーク』日本貿易振興会.

加藤敏春［1997］『シリコンバレー・ウェーブ—次世代情報都市社会の展望』NTT出版.

金井一頼［2003］「クラスター理論の検討と再構成：経営学の視点から」（石倉洋子・藤田昌久・前田昇・金井一頼・山崎朗『日本の産業クラスター戦略—地域における競争優位の確立』有斐閣）.

清成忠男・橋本寿朗編著［1997］『日本型産業集積の未来像：「城下町型」から「オープン・コミュニティー型」へ』日本経済新聞社.

児山俊行［2007］「イタリア型産地における「暗黙知」の批判的検討—イタリア型産地モデルの構築に向けて」『MMI Working Paper Series』大阪成蹊大学, No.0701, pp.1-44.

佐々木高成［2006］「米国における地域優位性強化の試み—コミュニティー資源とネットワークの動員」『国際貿易と投資』2006. Autumn No.65, pp. 9-21.

富沢木実［2002］「産業集積論に欠けている十分条件」『道都大学紀要　経済学部』創刊号, pp.33-48.

原田誠司［2009］「ポーター・クラスター論について：産業集積の競争力と政策の視点」『長岡大学　研究論叢』第7号, pp.21-42.

文能照之［2003］「ベンチャー企業の成長とクラスター因子」Stanford Japan Center, DP, September 4, pp.1-32.

宮嵜晃臣［2005］「産業集積論からクラスター論への歴史的脈絡」『専修大学都市政策研究センター論文集』第1号, pp.265-288.

Allen, T. J. ［1977］*Managing the Flow of Techinology*. MIT Press.（中村信夫訳［1984］『「技術の流れ」管理法』開発社）.

Arikan, A.T. ［2009］Interfirm knowledge exchanges and the knowledge creation capability of clusters, *Academy of Management Review*, 34, pp.658-676.

Asheim, B., Cooke, P. & Martin, R.（Eds.）［2006］*Clusters and Regional Development: Critical Reflections and Explorations（Regions and Cities）*. London: Routledge.

Baptista, R. ［2000］Do innovations diffuse faster within geographical clusters?, *International Journal of Industrial Organization*, 18, pp.515-535.

Bell, M. & Albu, M. ［1999］Knowledge systems and technological dynamism in industrial clusters in developing countries, *World Development*, Vol. 27, 9, pp.1715-1734.

Bresnahan, T. & Gambardella, A.（Eds.）［2004］*Building High-Tech Clusters: Silicon Valley and Beyond*. Cambridge University Press.

Brown, J. & Duguid P. ［2000］Mysteries of the region: knowledge dynamics in Silicon Valley, in *The Silicon Valley Edge: A Habitat for Innovation and Entrepreneurship* (Eds.) Lee, C.-M., Miller, W., Hancock, M. Gong & Rowen H. (Calif.: Stanford University Press) pp.16-39.

Camagni, R. [1991] Local 'milieu', uncertainty and innovation networks: towards a new dynamic theory of economic space, chapter 7, pp.121-142 in Camagni, R. (Ed.) *Innovation Networks: Spatial Perspectives*, London: Belhaven Press.

Chesbrough, H.W. [2003] *Open Innovation: The New Imperative for Creating and Profiting from Technology*. Boston: Harvard Business School Press.

—— [2006] *Open Innovation: The New Imperative for Creating and Profiting from Technology*, Brighton: Harvard Business Press.

Enkel, E., Gassmann, O. & Chesbrough, H. [2009] Open R & D and open innovation: exploring the phenomenon, *R & D Management*, 39(4), pp.311-316.

Fang, L. [2004] Yingdezhen in China: The rising and development of private ceramics Industry, *Bunmei 21*, 17, pp.91-105.

Fujita, M. [2011] Sangho Cluster no Doukou to Kadai (Trends and Issues of Researches about Industrial Clusters), *The Waseda Commercial Review*, 429, pp.101-124.

Henton, D. [2000] A profile of the Valley's evoluving structure, chapter 3, pp.46-58. in Lee, C.-M., William, M. F. & Marguerite, H. G. (Eds.) *The Silicon Valley Edge: A Habitat for Innovation and Entrepreneurship*, Calif.: Stanford University Press.

Krugman, P. [1991] *Geography and Trade*. 1st MIT Press paperback ed., Cambridge, Mass.: MIT Press.（北村行伸・髙橋亘・妹尾美起 [1994]『脱「国境」の経済学：産業立地と貿易の新理論』東洋経済新報社）.

—— [1995] *Development, geography, and economic theory*. Cambridge, Mass.: MIT Press.（髙中公男訳 [1999]『経済発展と産業立地の理論：開発経済学と経済地理学の再評価』文眞堂）.

Lécuyer, C. [2006] *Making Silicon Valley: innovation and the growth of high tech*, 1930-1970. Mass.: MIT Press.

Lee, C-M, William, M. F., Miller, Hancock, M. G. & Rowen, H. S. (Eds.) [2000] *The Silicon Valley Edge: A Habitat for Innovation and Entrepreneurship*, Calif.: Stanford University Press.（中川勝弘監訳 [2001]『シリコンバレー：なぜ変わり続けるのか（上）(下)』日本経済新聞社）.

Marshall, A. [1920] *Principles of Economics*. 8th edition, London: Mac Millan and

Co.（永沢越郎訳［1985］『経済学原理』岩波ブックセンター信山社）.

Mason, C., Castleman, T. & Parker, C. [2008] Communities of enterprise: developing regional SMEs in the knowledge economy, *Journal of Enterprise Information Management*, 21, 6, pp.571-584.

Mohannak, K. [2007] Innovation networks and capability building in the Australian high-technology SMEs, *European Journal of Innovation Management*, 10, 2, pp.236-251.

Oliver, J. L. H. & Porta, J. I. D. [2006] How to measure IC in Clusters: empirical evidence, *Journal of Intellectual Capital*, 7, 3, pp.354-362.

Piore, M. J. & Sable, C. E. [1984] *The Second Industrial Divide: Possibility for Prosperity*. New York: Basic Books.（山之内靖・永易浩一・菅山あつみ訳［1993］『第二の産業分水嶺』筑摩書房）.

Porter, M. E. [1990] *The Competitive Advantage of Nations*. New York: The Free Press.（土岐坤・小野寺武夫・中辻万治・戸成富美子訳［1992］『国の競争優位』ダイヤモンド社）.

—— [1998] *On Competition*. Harvard Business School. 1.（竹内弘高訳［1999］『競争戦略論Ⅱ』ダイヤモンド社）.

Saxenian, A. [1994] *Regional Advantage: Culture and Competition in Silicon Valley and Route 128*. Cambridge, Mass.: Harvard University Press.（大前研一訳［1995］『現代の二都物語—なぜシリコンバレーは復活し，ボストン・ルート128は沈んだか』講談社）.

Schumpeter, J. [1912] *The theory of Economic Development*. Oxford University Press.（塩野谷祐一ほか訳［1980］『経済発展の理論』岩波文庫）.

Silicon Valley Community Foundation [2018] *Index Silicon Valley*.

Teece, D. J., Pisano, G. & Shuen, A. [1997] Dynamic capabilities and strategic management, *Strategic Management Journal*, 18, 7, pp.509-533.

Yin, R. K. [2009] *Case Study Research: Design and Methods*. Calif.: Sage.

第 **3** 章

クラスターによる
地域ブランドの形成と展開[1]

　クラスターにより生産される製品分野は多岐にわたる。ここで
はクラスターにより地域ブランドが形成される製品分野という視
点から考察を行う。シリコンバレーで生産されるハイテクノロジ
ー製品のように，クラスターから生産される製品のすべてが地域
ブランドとして展開しているわけでない。一方，手作り型産業や
１次産業の分野は戦略的に地域名や地域イメージと結びつき市場
流通しているケースが多くみられる。これは，地域性や伝統の継
承といった要因から地域と製品が結びつき認知度を高めることに
結びついているからといえよう。ここでは，陶磁器という製品分
野において，景徳鎮ブランドと有田焼ブランドがどのようにクラ
スターを通じて形成され展開してきたかを考察する。

1 研究の枠組み

　本稿では，クラスターを通じて地域ブランドが形成される体制とその展開について考察を行っていく。ケースとして，手作り型産業クラスターを取り上げ，具体的には景徳鎮と有田を対象とする。

1.1 地域ブランドとしての産業クラスター

　クラスターとは，産業集積のうち，多くの企業や関係組織が，競争しつつ同時に協力し，共通性や補完性により連結している産業集積のことである。産業によって集積の形も異なってくるが，ここでは陶磁器産業が対象となる。クラスターの研究対象として，IC産業に代表されるようなハイテクノロジーなどの工業製品がケースとして多く取り上げられている。これはクラスターが「革新」を生み出すものとして期待されていることからわかるように，先端技術を用いた産業に注目が集まるからといえよう。しかし，手作り型の産業クラスターにおいても「革新」がなければそのクラスターは衰退していく。本稿においては，地域ブランドの形成・展開という視点から産業クラスターの考察を行っていく。手作り型産業や1次産業の分野は戦略的に地域名や地域イメージと結びつき市場流通しているケースが多くみられる。これは，地域性や伝統の継承といった要因から地域と製品が結びつき認知度を高めることに結びついているからといえよう。

　クラスターが形成される生産・流通体制を考察し，そこから創出される地域ブランドを考察する視点として2つ取り上げる。1つは，クラスターとして産業集積を構成する各組織を全体的に誰がマネジメントしているのかということである。このマネジメント主体は革新を生み出すという視点で重要である。2つ目は個別ブランドとしてではなく，地域ブランドとして展開していく強みを明らかにしていくことである。またどのような要素が地域ブランドとしてのイメージ構成しているのか，ということもみていきたい。

ブランドを巡る系譜と類型として他との差別化や識別を意図する印をつけた商品をブランドとするのであれば，ブランドは古代から存在している。ここではテドロー（Tedlow, Richard S. [1993]）が定義するナショナル・ブランド概念を適用し近代的なブランドとしてみていく。そこでのブランド成立の条件として，マクロレベルで生産・流通・消費に関する要件を満たすことが必要となる。消費サイドとしては，身分に関係なく誰でもお金を出せばモノを購入できる大衆市場の成立である。また大量に生産できる体制とそれを全国的に流通させる流通網の発達が生産・流通に関する条件である。ここで事例として取り上げる景徳鎮の磁器は，官窯として発達してきたことから，その製品は一般大衆に向けたものではなく，皇帝や皇族など宮廷用に用いられるものである。象徴的には明の景徳鎮官窯磁器の指標として知られている5爪龍文の規範がある。すなわち，皇帝用の持物に表される龍は5爪，5本指で描かれることになっていて，官窯の製品もその規則に従っていた。5爪の龍文は，皇帝の器物以外は許されなかった。同時代の，宣徳の頃から官窯品には時代年号を書きその外に二重の同心円の輪が書かれるようになった。この銘款がついたものは宮廷以外で使用すること，国外に持ち出すことも許されなかった。そのような中で朝貢貿易によって輸出される製品には，5爪でなく，4爪，3爪で，銘款はなし，といったように一部規範を欠いた文様が表されている。官窯で生産される景徳鎮の磁器は身分と結びついたモノである。

現在，人々が憧れるセレブレティ・ブランドの系譜において，景徳鎮のブランドのように皇帝や皇族，貴族階級しか所持・使用が許されなかった宮中御用品を背景とするものが多くみられる。有田焼も当初，御用窯として幕府や将軍家への献上品などの磁器を生産することを目的としており今日のセレブレティ・ブランドにつながる歴史をもつ。この点が2つのブランドに共通している系譜といえよう。

陶磁器のような手作り型産業クラスターの場合，製品は人・窯元や地域をベースに，組織的にまた窯単位で生産される。そこでのブランド類型として，

①地域ブランド（地域内の複数の事業体をマネジメントする主体がブランド付与）レベルから，②窯元・作家に対する○○窯，作家という小規模の企業ブランド・作家ブランドが存在する。③比較的大規模生産で，企業内で工程を分担し，品質管理を行い企業ブランドとして展開するものもある。本稿では特に，手作り型産業クラスターを形成している，①地域内の複数の事業体をマネジメントしている主体に注目し，景徳鎮と有田焼を事例として考察を行っていく。

2 ｜ 景徳鎮における地域ブランドの形成と展開：明〜清時代

2.1 生産体制の進展と管理体制

　景徳鎮は，中国の南方に位置する江西省北端にある人口約160万人の地方都市である。宋の景徳年間（1004〜1007）に，昌南鎮から景徳鎮と改名された。すでに漢の時代から磁器は生産され，昌江を通じ中近東やヨーロッパなどの海外へも輸出されていた。景徳鎮において磁器生産がさかんになった背景に，産地の条件がある。豊富な白色粘土（陶土）であるカオリンや磁器原料となる陶石，燃料である松材に恵まれている。また，景徳鎮の西側を縦断するように北から南へと流れている昌江の水運を利用して原料や製品の輸送を行えるという利点があった。カオリンは白いというのみならず，形成しやすく形を保つための可逆性と高い耐火度をもつ。この陶土の優れた特性により，世界を魅了した革新的な製品が創出されていく。

　「景徳鎮」と命名されてから千年という節目の年を迎えた2004年には，景徳鎮をはじめ各地で千年祭の催しが開催された歴史ある「磁都」であり，漢の時代から数えれば，磁器生産において1700年余の歴史がある。景徳鎮が磁器の産地として世界的な名声を得るのは，明の初期に官窯が置かれたことを契機としている。官窯とは，皇帝用と官用の磁器を専用に生産する窯であ

り，明時代には御器廠と呼ばれ，清時代には御窯廠とされた。現在のところ，明代の「御器廠」の設置年代には各説がある。洪武２年（1369）・洪武35年（1402）・宣徳元年（1426）の３説が有力であるが（佐久間［1999］，pp.11-13），定説はまだない。

漢の時代から始まった磁器生産は，宋代に白磁，青白磁（影青）の産地として飛躍的に発展していく。南宋時代において陶工にあたる陶戸が集まって，組織的生産が行われており，グループの窯で焼造を行っていた。工人の分業体制も整っていた（金沢［2010］，p.31）。そのような分業体制が明の時代に官窯が設置されてことでさらに効率的な体制となっていく。一方，民窯として一般市場向けに磁器を生産する窯が存在しており，両者の存在が景徳鎮の磁器産業を支えた。

官窯に要求される製品は奢侈品でありながら古代中国の宮廷及び朝廷の需要は相当な規模であり，さらに輸出品として海外貿易の主力品として位置づけられていた。その需要の特徴として「①量にしてはかなりの規模であったほか，②品質にしては必要以上に厳しかったことと，③多品種であった点が，官窯需要の特徴」（喩［2003］，p.275）とされている。このように，製品に対して質・量ともに求められる圧力の下，生産性の向上が余儀なくされ，革新的といえる手工業工場制が成立した。手工業工場制のもと分業が確立され，効率的に大量生産に応じることが可能となったのみならず，特化した技術が洗練され，新しい製品革新へとつながった。

このような御器廠の生産体制を支える人員は，民窯から国家が労働力を無償で徴用し動員される匠役制における「官匠」（熟練労働者）と採掘や器物を運んだりする単純労働者が存在した。単純労働に従事する者は，景徳鎮とその周辺から徴用された。官匠として招集される人々は地方の民窯の優秀な人材であった。しかし，官匠のみでは熟練労働者は必要な人数を確保できないことから，賃金を払い外部から職人を雇用していた。官匠はおよそ300人，単純労働者700人ほどであわせて1,000名もの人々が，分業体制で従事していたという（金沢［2010］，p.101）。しかしこうした無償労働ではなかなか職

人は集まりにくくなり，成化21年（1485）には銀を納めることによって労働を免除され，いわゆる班匠銀制の道がひらかれた。嘉靖41年（1562）に政府は班匠銀制を一律に施行し匠役制にとって代わるものとなっていく。

　宋の時代から磁器生産の規模は拡大し分業が始められ，明の時代に官窯が設置されることで分業体制が整い，8業36行（8つの分野と36の職種）とされる分業が行われていた。磁器生産の8業，8つの工程はおおまかに主工程である「成型」「絵付け」「焼成」の3つと，補助的な工程5つに分けられるが，8つの業との関連でいえば「胚土業（成型）」「窯戸業（焼成）」「紅店業（絵付け）」が主工程で，「彩土業」「匣鉢業（サヤ製造業）」「包装運送業」「下脚修補業」「磁器道具業」が補助的な5つの工程となる。それぞれ工程である業ごとに独立した工房があり，その工房の中に作という単位で製品の器種や等級に応じて作業場があった。「官窯が先駆けた手工場的生産方式には23作といわれる作業場のレイアウトが最も際立つ特徴で有名である」（喩［2003］，p.277）とされ，例えば成形に7作，絵付けで3作，その他補助的工程で12作あり，細かな分業体制が整えられていた。レイアウトも各工程の作業が連続的に行われるように配置され，季節ごとの光・風・温度など自然が巧みに活用される空間構成になっていた（李・宮崎［2010］，p.41）。そのような細やかで効率的な分業体制により大量にかつ多品種生産が可能となった。さらにそうした分業体制によりその専門的に特化した技術が磨かれ，優れた技術を習得した工匠，職人が育成されることとなった。各作で働く職人は，作頭と呼ばれる職長のもと，階層的管理体制に組み込まれた。また，優秀な職人は官職に採用されるなどの昇進制度があり，こうした制度がイノベーションの情熱とモチベーションを高めた（喩［2003］p.280）。自発的な同業者組合の創設によりそれぞれの工房が相互的・有機的に支え合う生産システムが確立され，景徳鎮地域の居住者のほとんどが磁器生産にかかわる社会が作られた（李・宮崎［2010］，p.45）。また同業者内では組織を維持・発展させていく決まりがあり，それが遵守されていた。例えば製磁業では，20年に1回木を植える，窯工房では，薪窯の築き方，焼成方法，など

に関して決まりがあった（李・宮崎 ［2010］ p.44）。

　そのような分業体制において組織内外での連携や結束を固める自主的な活動が行われていたが，官窯として政府から管理されており生産は自由に行われているわけではなかった。そこでは生産部門を焼造，管理する部門は行事とされ，生産部門と管理部門とに区分されていた。管理部門においては，製品の検品が厳しく行われ，品質管理が行われていた。品質を追求するために官窯では1回の焼成に1種類の器で，きれいに焼ける窯の中心部分のみにしか器を置かないため，量的に民窯の3分の1しか焼けなかった（喩 ［2003］，p.285）。このような管理部門で働く役人も当初は中央政府から送り込まれた監陶官であったが，不正を行ったことで，後地方官がその任にあたるようになる。

　焼造命令も次第に増えていき嘉靖時代8年（1529）には2,570件であったものが，23年には5万件，次の隆慶時代5年（1571）には12万件，万暦時代5年（1577）には15万件と，焼造命令は急増していく。このような焼造命令に応えるためには従来の官窯だけでは追いつかず，嘉靖37年（1558）頃には焼造に必要な費用を定めて民窯に支給し生産を委託するという，官搭民焼が始まった。委託先の選択は厳しく，明中期民窯900軒あったなかで選ばれたのは20軒しかなかった。

　明王朝が17世紀中頃より衰退すると景徳鎮も疲弊していく。ちょうど，秦昌時代（1620）から清朝の康熙19年（1680）の間の時期であり，この期間に，伊万里焼が注目されることになる。その後，清朝康熙19年（1680），監陶官が中央政府より派遣され，この頃より景徳鎮は活気を取り戻していく。この時期清代は官窯を監督する立場にあった監陶官がそれぞれの能力を発揮して窯業の発展に貢献し，技術革新を成し遂げていく（三杉 ［1989］，pp.57－59）。この時期の監陶官は「プロデューサー的役割を果たしており，それ以前の明時代の監陶官はコーディネーター的役割であった」（三杉 ［1989］，p.59）としている。

2.2 官窯における技術革新

　このように，官窯として政府の管理体制のもとに分業体制を進化させ，明時代の監督官がコーディネーター的役割を，清時代の監督官がより積極的に生産に関わるプロデューサー的役割を果たしてきた。明確なマネジメント主体が現れることで景徳鎮の生産技法も豊かになりこの時代に頂点を迎える。ここで，景徳鎮において，技術革新のもとにどのような新しい製品が作り出されてきたのかを概観していきたい。

　先に述べたように，豊富な白色粘土（陶土）であるカオリンを産出するという産地の条件に恵まれ，その性質をいかして宋の時代から元時代にかけて，青白磁（影青）が生産された。影青は，薄い白地に彫花，印花などを施して，その上に透明の青い釉薬を掛け焼成するのだが，文様が刻まれたくぼみに釉薬が厚く入るため，文様が他より青くみえる。この影青は高い名声を得て，モンゴル帝国や，中近東，エジプトまで大量に輸出されるようになった。

　元時代になると青花技術が誕生する。青花は白磁の素地にコバルト顔料を用いて文様を書き，透明の釉を掛けて焼成した磁器である，青花（染付）磁器も宋時代の青白磁の基礎があって花開いたものといえる（金沢［2010］，p.32）。青花磁器が普及したのは元時代14世紀前半で，中東（ペルシャ）からのオーダーで大皿を輸出品として生産がはじまり，貿易陶磁としての役割を担った。青花は釉下彩の一種であり，成形した器をいったん素焼きしてから，酸化コバルトを含む顔料で器面に絵や文様を描く。その上から透明釉を掛けて高火度で還元焼成すると，顔料は青色に発色する。西アジアから優れたコバルト顔料，中国語で回青が輸入されたことで鮮やかな文様が描かれるようになった。青花と同様の技法で，下絵付けにコバルト顔料の代わりに銅系統の彩料を用いて紅色に発色させる，釉裏紅の生産も始まった。

　明時代に御器廠が設置され，生産能力・技術力も上昇していく。明代後期の民窯では，青花の上に染料で色をつけた，色彩も鮮やかな五彩，闘彩が誕生する。この時代は，民窯の意匠が官窯の意匠の中に混ざり合っていく時代でもある。官窯が衰退していく明末清初には民窯が活発になり，輸出先の好

みに合わせた製品を生産した。

　清時代になり康熙年間（1662〜1722）には御窯廠（明時代の御器廠）が再開される。清時代には優れた監陶官のもとで技術革新が導入され新たな製品が開発されていく。大きな技術革新としては，粉彩という上絵付技法がある。ヨーロッパから渡った七宝技術を導入して琺瑯質（エナメル）の釉薬を使うので，琺瑯彩ともいう。この白色不透明な上絵具の出現により，上絵付の各色の濃淡表現が可能となり，これまでにない絵画的表現が可能となった。雍正年間（1723〜1735）と乾隆年間（1736〜1795）には生産技法が頂点を極めた時期である。

　しかし，咸豊年間（1851〜1861）以降は内乱が続発し，景徳鎮の御窯廠も破壊される。のちに再建されるが，光緒年間（1875〜1908）後期になると，民窯の方が勢いを増していった。この時期，清王朝は列強諸国に開放を迫られ西洋諸国の進んだ技術のもとに安価な商品が輸入され，国内の磁器産業も圧迫される。景徳鎮ではこうした状況に対して西洋磁器を模倣した生産にとりかかろうと景徳鎮磁器公司が設立され，のちに江西磁器公司（1907）となる。そこでは石炭窯の導入など近代的技術にもとづく生産様式が試行されたがうまくいかず，伝統的な手法で清時代の作品の倣古品を生産が行われた。近代化が達成できなかった理由としては，国力が低下していた中で，担い手個人によらざるを得なかったことによる（馮［2009］，pp.108-109）。こうした倣古技術は清代末期から中華民国（1912〜1949）にかけて著しく向上した（大木［2014］，p.8）。辛亥革命によって宣統帝（1909〜1911）は退位し清朝の滅亡とともに，官窯も終焉を迎えた。

3 | 手作り型産業クラスターの復興

3.1 倣古磁器の生産・流通体制と管理

　景徳鎮市の統計によると，景徳鎮市の陶磁器企業は5,000社に達し，総職員数は10万人を突破している。企業のほとんどは小規模企業で，中規模以上の企業は100社弱とのことである[2]。2013年の陶磁器産業生産高は，2012年と比較して16％拡大し，249億3000万元（約4125億円）に達した[3]。市としても磁器産業の育成には力を入れている。かつて十大国営企業を統括していた陶磁公司が，陶磁局となり今では企業誘致などに力を入れている[4]。中国の陶磁器産地は代表的なものとして，広東省の佛山と潮州，湖南省の醴陵，江西省の景徳鎮，山東省の淄博の4地域があげられる。そのうち，日用陶磁器産地として最も規模が大きいのは広東省である。2007年広東省の日用陶磁器の年間生産量は，41.9億点に達し全国総生産高の約3割を占めている[5]。現在景徳鎮は磁都として産業も窯業中心であるが，他産地の追い上げにより中国一の磁器産地ではなくなっており，ブランドとしての名声もかつての勢いはみられない。ここでは，新中国成立後の景徳鎮磁器の生産・流通，管理体制についてみていきたい。

　1912年中華民国成立後も国内の政治的混乱は続き，1949年に中国共産党によって中華人民共和国が建国され新政府体制となり復興が始まる。経済構造の大きな変化として，社会主義体制のもとで生産手段の公有化が始まり，景徳鎮の手工業的生産を行っていた窯業者も公有化され，10数社の国営陶磁工場，十大陶磁工場として再編され機械化，大規模製磁工場が目指された。そこで生産される磁器製品は，一部清朝時代の倣古品生産が行われていたものの，日用品が主であり[6]，漢の時代から続いてきた世界が憧れた磁器生産の伝統は途切れた形となる。さらに1966年に始まった文化大革命によって文化・芸術関係者は農村へと再教育として下放され，景徳鎮の磁器産業は混

乱と停滞が続いた。1980年代になって改革・開放政策が始まるが，国家の計画に基づいて，国が生産と販売を統制するという計画経済モデルでは経営がうまくいかず，十大陶磁工場の多くは民営化され，一部は存在しない。

一方で手作り型，小規模の私営企業が次々と現れてくる。第1節で陶磁器のような手作り型産業クラスターの場合，ブランド類型として①地域ブランド（地域内の複数の事業体をマネジメントする主体がブランド付与）レベルから，②窯元・作家に対する○○窯，作家という小規模の企業ブランド・作家ブランドが存在する。③比較的大規模生産で，企業内で工程を分担し，品質管理を行い企業ブランドとして展開するものもある。と述べたが，現在の景徳鎮において，①の手作り型産業クラスターから形成され，地域内の複数の事業体をマネジメントする地域ブランドが主流となっている。②においては陶磁学院派と呼ばれる作家によるブランド，③は紅葉といったメーカー等が存在する。

1990年代から台頭してきた手作り型製磁工房は，年々増加し，現在では5,000軒以上に達している（李・宮崎［2011］，p.95）。このような手作り型製磁工房の台頭の背景として「改革・開放に伴い，国際市場からは再び景徳鎮の陶芸製品が求められるようになったのである。これは主に景徳鎮の歴史に負うところが多かった。景徳鎮の官窯の作品は数が極めて稀少であった。……こうした背景から，80年代末頃から香港やマカオ，シンガポールなどの海外商社が景徳鎮に対して観賞用の陶芸製品の生産注文を大量に出すようになった」（方［2004］，p.95）ことがあげられている。このような海外需要のみならず，中国国内においても，観賞用の磁器の需要は高まり，特に投機目的や官僚への接待に用いられてきた。このような磁器は「倣古磁器」といわれ，景徳鎮磁器の一ジャンルとなっており，さきの手作り型製磁工房が主に生産を行っている。

現在，景徳鎮における磁器生産は，主要な8つの地域（「老廠」「樊家井」「莒箕屋」「彫刻磁廠」「老鴨灘」「李村」「新廠」「古窯」）に集中・分散し，手作り型製磁工房は5,000軒以上，その生産量は景徳鎮における磁器総生産

量の80％を占めている（李・宮崎［2013］，p.27）。ここで生産される製品は美術品カテゴリーに属する倣古磁器が大半である。

　磁器生産の工程としては，土作り・成型（ろくろ・型抜き）・削り出し（内部・底）・絵付け（手書き・プリント）・釉薬を掛ける・焼成・上絵付け・再度焼成といった段階になる。こうした工程が分業化されている。土づくりに関しては，景徳鎮の磁器生産を支えるカオリンの採土がまず重要になる。カオリンの名前の由来となったのは，原材料採掘地であった高嶺（カオリン）山であるが，現在はほとんど採掘し尽くされ，枯れてしまい，近くの九江などの土を利用している。続いて成型に移るが，「ろくろ」と「型」を用いて成型する割合は半々程度である。景徳鎮の磁器生産に関して，成型より絵付けに重点が置かれている。この点に関して景徳鎮陶瓷学院で唯一の日本人である二十歩客員教授は，日本での経験に基づき「成型の重要さを学生に伝え，絵付けのみでなく，ろくろなどの工程も指導しているが，陶瓷学院の学生でもそうした技術習得には関心が薄い」といわれている。景徳鎮の絵付けを重視した製品は，一貫して品質管理を行うという視点がやや欠けているといえよう。絵付けに関して，手書きと転写プリントの場合がおよそ半々ということである。焼成に関して，かつては燃料に薪を使いその後石炭が用いられ，大気汚染の元凶となっていたが，現在では天然ガスや電力に切り替えられた。今でも街中にレンガ作りの煙突がみられる。

　このような工程を支える各種企業が「業」として発達しており，明・清時代にみられた製磁「業」が現代的に復活している。主な業として「採土業」「成型業」「焼成業」「加飾業」「包装運送業」などである。どのような業でも細かな分業体制にあり，例えば成型業（工房）では磁器の形状，大きさに基づき分業化されており，加飾業（工房）でも，絵柄，磁器の形状・大きさによって分業化されている。さらに，陶磁工房を支える鉄工房，木工房，印工房，釉果工房，灰工房など，多様な工房が集積している（李・宮崎［2013］，p.30）。例えば，釉果工房に関して，景徳鎮市内に釉薬通りと呼ばれている釉薬を販売している店舗が軒を並べている通りがあるなど，製磁生産を支え

る各種企業が集積している。いずれも小規模な企業であるが，多数集積することで産業クラスターを形成し，景徳鎮を「磁都」として成立させている。これらは長い歴史の中で一貫して細分化された分業による協力体制ができているが，このような雇用システムは特定の組織に管理されているわけでなく，自然・自発的に生み出されたものであるという（李・宮崎［2013］，p.32）。

　これらの手作り型製磁工房を経営している人々は，国有企業でかつて勤めていた職人や明の時代に官窯での労働力として外部から流入してきた人々が定住し窯業を家業としてきた人たちである。そこでの特色として，同じ出身のもの同士が結束し，特定の仕事に従事するようになり，そのような同業者組織として「行会」が結成された。このような組織は新中国成立後には消滅したとされるが，現在でも地縁・血縁のネットワークはインフォーマルな形で存在しているという。

　流通に関しても，磁器商人は，同じ出身地同士が結束して買い付けに出向いているということである（方［2006］，pp.98-99）。こうした，出身地を同じくする商人間の紐帯を通じ，商業取引が行われるという流通の仕組みがみられることは，清朝以来続く伝統的なものとされている（四方田［2006］，p.131）。このような流通経路において，地域の製品を集約して買い付けるという日本でみられる産地問屋は存在しない。

　景徳鎮を巡る市場環境として，主要製品である倣古磁器の需要が縮小している。2013年習近平国家主席就任以降，賄賂の禁止などの綱紀粛正政策で官僚への接待などに購入されてきた景徳鎮の高級磁器の売上も「2010年をピークとして半減している」[7]ということである。次項で考察するように陶磁学院派や若い世代の新しい動きはみられるが，主流となる手作り型産業クラスターにおける倣古磁器において，革新がみられない。また新しい販路，カテゴリーに参入しようという動きもみられない。中国において上質な日用品の食器類の提案は今後有望な戦略であると考えられるが，そうした市場に景徳鎮は参入できておらず「素材にこだわり機能性を高めた潮州の磁器」[8]が台頭してきているということである。

106

　日本においては流通機能を担う問屋が市場のニーズを把握し生産地に組織的に伝達したり，在庫のリスクを抱え地域の生産者が経営に専念できる体制を整えてきた経緯がある。また，生産者間が連携して技術や品質の向上を目指し地域的に産業を振興させようとする組織的取組も行われてきた。景徳鎮において，同郷人が同じ職業の「業」に就き結束しているというゆるやかな組織化はみられるが，日本でみられる組合による品質管理などのマネジメントがなされているわけではない。この点，「磁器に関する品質管理の国家基準はあるが，厳格なものではなく，より細かな管理基準は企業に任せている」[9] 状況である。しかし，企業レベルでブランド意識をもって品質管理が行われているわけではない。また中国において，市場のニーズが組織的に把握され産地にフィードバックされる仕組みはなく，商人から産地へと個別に伝達されている。こうしたマネジメント主体の不在が，ブランドとしての景徳鎮の問題であるといえる。

3.2　景徳鎮陶瓷学院派による工芸美術作品と新しい動き

　景徳鎮における磁器生産は美術品のカテゴリーに属する倣古磁器のみでなく，日用品のほか建築用資材も生産されている。美術品カテゴリーにおいて近年注目されている分野として景徳鎮陶瓷学院の教員，卒業生による陶瓷学院派といわれている，造形に力を入れた工芸美術品がある。景徳鎮陶瓷学院は，中国では陶芸教育の歴史ある名門国立大学であり，中国全土から学生が集まってくる。学院内にはギャラリーもあり，教授陣の作品が展示されている。陶瓷学院の教員は作家活動も行っており，自前で窯を所有している教員もいる。しかしすべての工程を自ら行うわけではなく，デザインは必ず行うが，型は購入したり，焼成も外注するといった分業によって生産される。このような分業体制はゆるやかなネットワークとして存在している。こうした作品の販路としては，市内のギャラリー，個人的な注文生産・販売，百貨店などである。作家間の交流もあり技術向上につながっている。北京で美術品の販売を手掛けている「東方好友陶磁有限公司」徐莉副社長[10] によれば，

伝統的な倣古磁器と陶瓷学院派を比較すると市場のニーズは陶瓷学院派の方にあるという。しかし，景徳鎮というブランドが存在感をもっているとはいえず，よいものは売れるけれど，景徳鎮だから売れるということはないということであり，産地ブランドとしての名声は弱まっている，ということである。

　新たな動きとして，景徳鎮陶瓷学院の学生やOBによる革新派といえる作品が注目をあびている。彼らが製作した作品は楽天陶社（後述）による週一度の陶磁器市場である楽天市場で土曜日に，露天スタイルで製作者が自ら販売しており，景徳鎮の新世代の作品のアンテナショップ的役割を果たしている。伝統的な図案や青磁を新しいスタイルでみせたり，まったく新しいデザインでのアクセサリーや日用雑貨などが販売され，ジャンルは多岐に渡り，独創性に富んでいる。楽天市場は日本各地の陶磁器産地で行われている陶磁器祭りを真似て，2008年に設立された（李・宮崎［2010］，p.97）ものであり，この市場を運営しているのは「楽天陶社」というギャラリーを展開しているベンチャー企業である。前身は十大陶磁工場の1つ彫塑瓷廠工場であり，その工場が民営化され，工房と必要な設備を提供する斬新的な制度で運営されている。オーナーは，磁器のふるさと景徳鎮で工房を貸し出し，新たなアートの創造の場としたいという意図を持ち，自身も芸術活動を行っている。そこでは，若年の製磁職人，ならびに，外国籍の製磁職人が数多く集まり，デザイン性，造形，日用性を重視するという点で伝統的作品を生産する手作り型製磁工場とは異なる志向性を持つ。また技術の習得方法に関しても伝統的作品を生産する職人は，師匠への弟子入りによって技術を習得するのに対して，革新派は学校での教育を基礎とし，自身の感覚を表現することに重きを置き，独学での学び，他者との交流や外来の文化を吸収することで良い作品を作りたいと考えている。そのような革新派といえる若い世代が属する工房数は，景徳鎮製磁工房全体のほぼ4％に相当する（李・宮崎［2010］，p.96）。こうした若い世代において，油絵や版画や中国画などを習得した人が陶芸作家となる風潮もあり，新しい作風も生まれている。革新派といえる

景徳鎮陶瓷学院卒の若い世代は, 景気の回復がみられはじめた2004年以降, 地元に残り, 起業を希望する人が年々増えてきている。自身も作家活動を行っている, 景徳鎮民窯博物館の孫立新副館長によれば, 若いアーティストの作品は販路が確立していないため, 手作りで芸術性が高くともなかなか売れないということであり, 流通における課題があると指摘されていた[11]。

3.3 景徳鎮における地域ブランドの強みとブランド要素

宋の時代から磁器生産の規模は拡大し分業が始められ, 先にもみてきたように明の時代に官窯が設置されることで分業体制が整い, 8業36行（8つの分野と36の職種）とされる分業が行われ, 23作といわれる作業場による効率的な分業体制により大量にかつ多品種生産が行われていた。清の時代になり成型の分野での分業がすすむなどの進化がみられた。官窯において皇帝をパトロンに持ち, 分業体制によって高度で効率的な磁器生産を行ってきたが, 清時代の終焉とともに官窯も廃止され, いわばプロデューサーを失ってしまう。その後, 国営企業として計画経済のもとに大規模・機械化が志向されるが経営はうまくいかず, 国営企業は民営化され, 再び, 手作り型磁器工房が復活することになる。しかし, そこにマネジメント主体が不在であるということを課題として指摘した。

景徳鎮の手作り型産業クラスターにおいて, 分業体制ができているのだが, 結束がみられず, また絵付け重視の商品化が行われている状況において, 一貫した品質管理を行うという意識が希薄となっている。マネジメント不在の状況でこうした手作り型産業クラスターの強みをいかせていないといえる。

産地の名声はかつてほどの輝きはないが, 今でも景徳鎮は世界的に知名度がある地域ブランドである。景徳鎮という地域ブランドに惹かれてアーティストも集まる傾向にあり, 景徳鎮で作っているということで自らのステータスも上がる側面があるということである[12]。

ここで, 景徳鎮の地域ブランドを形成している要素を考えてみた。

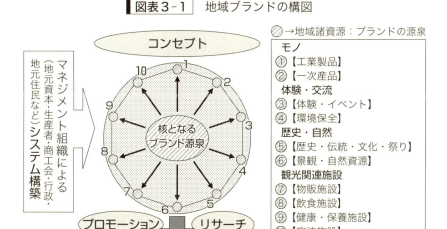

図表3-1 地域ブランドの構図

地域ブランドの構図として、図表3-1をあげている。この図に景徳鎮磁器を当てはめてみると、中核となるものは、もちろん「景徳鎮磁器」である。そのモノとしての景徳鎮にどのような、地域諸資源の要素が関連しているかをみていく。「体験・交流」において、絵付けなどの消費者が気軽に参加できる体験が日本のように行われていない。毎年国際的な規模で行われる景徳鎮国際陶磁博覧会は商務省と江西省も支援する一大イベントであり、景徳鎮のみならず中国国内の主要産地、世界各国から出展されている。このイベントはプロモーションとしての役割も果たしているといえる。「歴史・自然」では、景徳鎮十大陶磁工場博物館、景徳鎮民芸博物館、景徳鎮歴史博物館など陶磁器関連の博物館資料館は多数、また国営陶磁工場の遺跡、またその遺跡をアーティストに貸し出し、アトリエとして活用されているものもある。レンガ作りの工場は、歴史を感じさせる魅力があり、こうした資源をもっと観光と結びつけたいという市の意向もある。古くは唐時代の工房の史跡（瑶里）など磁器生産発祥の地である歴史を体現する遺跡・史跡も多数存在

している。また，街中に陶磁器での街灯や多数のモニュメントがあり，陶磁の街という景観が整えられている。「観光関連施設」としては，観光客で賑わう景徳鎮市陶磁器国際貿易広場など陶磁商店街（陶磁城）がある。しかし，規模としては大きいが，そこで販売されている商品に目新しさはない。一方陶磁学院の生徒が出店している楽天市場で販売されているものは，伝統を継承しながらデザインも新しく活気がみられた。楽天市場においては新しい動きがみられるが，全体的に物販の魅力があまり感じられないのは，前述したように景徳鎮の産業クラスターに革新が創出されていないことが背景にあると指摘できる。

4 有田焼における地域ブランドの形成と展開

　この節では有田焼の歴史を概観し，ついで有田焼の手作り型産業クラスターがどのように形成されてきたのかを，管理・生産・流通体制から考察していく。さらに，そのようなクラスターを通じて形成された地域ブランドとしての有田焼のマネジメント主体について考察を行う。クラスターは革新を生み出していかなければ衰退していく。そこで，その革新を生み出すマネジメント主体に注目していく。また，地域ブランドとして展開していくことの強み，さらに地域ブランドを構成する要素について検証し，今後の課題について考察を行っていきたい。

4.1　有田焼の歴史

　有田町は，佐賀県の西端，長崎県との県境近くに位置している，三方を山に囲まれた山間地域である。現在有田町の人口は約2万人。磁器発祥の地であり，佐賀県の主要産業である有田焼は，2016年に400年を迎えるということで，町をあげて活性化プランが立てられている。江戸時代の建物も残る有田の町並（内山地区）は，国の重要伝統的建造物群保存地区に指定されるな

ど，焼き物のまちとして長い歴史を誇っている。

　有田焼の産地の地理的範囲として有田町を中核としながらどのように範囲を設定するかは厳密に決められていないが，佐賀県が策定した「有田焼創業400年事業　佐賀県プラン」[13] においては，有田町を起点として伊万里市，武雄市，嬉野市まで圏域を広げ，この3市1町で「伊万里・有田焼」として産地を形成し，産地の売上げはおよそ47億円とされている。しかし，これら佐賀県内のみならず，隣接する長崎県の波佐見町，佐世保市三川内を入れて有田窯業圏，肥前窯業圏とするものが多くみられる。

　日本で初めて有田で磁器生産が開始される以前から（16世紀末〜17世紀初）有田の西部地区及びその周辺地区に窯場が成立していた。これらの窯場は，佐賀藩，大村藩，平戸藩の三藩の境界域に位置しており，それぞれの藩の陶工は交流しながら生産技術や情報を共有していた。この窯業圏の中核となったのが有田の西部地区であった。この窯業圏は，佐賀藩による寛永14年（1637）の窯場の整理統合による有田西部地区の窯場の廃止によって消失する。佐賀藩は有田東部地区を中心とした窯業圏を形成させることになり，それぞれ自立した窯業圏を築いていくことになる。その背景には，有田における泉山磁石場，波佐見における三股陶石，平戸藩における網代石の発見があり，現在の有田焼，波佐見焼，三川内焼につながるものである（野上[2007]，pp.339-340）。

　17世紀初頭（1616年）朝鮮人陶工・李参平らによって有田の泉山で良質の陶石が発見され，日本で初めて磁器が焼かれた。有田は焼き物作りに必要な良質の陶石，水，燃料となる赤松などが豊富であり，産地の条件に恵まれた地域であった。そのため，各地から多くの人が集まり有田の窯業は急速に発展し始めた。初期の有田焼は白い素地に藍色一色の模様が多かったが，約30年後の1640年代に初代・柿右衛門が赤を基調とした「赤絵（色絵磁器）」を生み出した。同時期に佐賀藩が将軍家・諸大名などへの献上品にふさわしい高価な磁器を製造する藩窯が活動を開始。この藩窯製品を今日，「鍋島様式」あるいは「鍋島焼」と呼んでいる。

1650年代，中国では明が滅び清の時代になる時期に政治的混乱が起き，1656年から外国との貿易を禁じることで，磁器の輸出も止まった。そこで，景徳鎮の磁器に代わり有田焼はオランダの東インド会社（略称 VOC）によりヨーロッパの国々に輸出されはじめた。藩御用品や献上品として守られ作られた色鍋島は出回ることがなかったが，古伊万里様式と柿右衛門様式の有田焼が輸出されていく。その後17世紀から18世紀中ごろにかけて数百万ピース以上の有田焼の磁器がヨーロッパに向けて輸出されていく。日本でこの時期は，柿右衛門様式が完成期にあたり，1680年代頃から「濁手」と呼ばれる乳白色の素地に色絵で絵画的な文様を表した柿右衛門様式，1690年代になると，下絵として描かれる藍色の文様の上に，上絵付けを組み合わせ，さらに金で飾りつけた，「古伊万里金襴手」がヨーロッパへ輸出され人気となる。IMARI として，有田焼は世界的名声を得たものの，17世紀終わりに中国磁器，景徳鎮の輸出が再開され，さらにドイツのマイセン窯などでも磁器生産が始まりをみせると世界市場での位置も後退し，販売市場を国内へと転換していくことになる。国内市場での磁器生産は伊万里焼が独占していたが，文化3年（1806）に尾張の国瀬戸の陶工が磁器生産の方法を取得し，全国各地に磁器生産の技術がひろまっていくことになる。

　ヨーロッパに渡った有田焼は「IMARI」「OLD IMARI」と呼ばれ，ヨーロッパの王侯貴族に蒐集されていく。当時，有田焼でなく，IMARI，伊万里焼と呼ばれたのは，伊万里港から海外へ，また国内各地へと伊万里商人によって流通していったことに由来する。すなわち商品の集荷，販売地の名前，いいかえれば商人の存在地域名が焼き物のブランドとして称されたといえる。現在のように有田焼と呼ばれるようになったのは，明治30年代における交通通信機関の発達により，海上流通から鉄道での流通へと変化し，有田を拠点として流通が整備されたことによる（下平尾［1977］，pp.40-41）。そこで流通を担ったのは伊万里商人に代わって有田商人となった。

　有田焼が分業体制に基づき，手作り型産業クラスターにおいて生産されることは後にみていくが，こうしたクラスターを通じ商品のブランドは地域と

結びついて形成されていく。そこで，その商品が生産・消費されるまでの過程において商品の情報を誰が消費者に伝達し品質を保証するのか，といった役割がブランド形成において重要である。有田焼の場合，「IMARI」と呼ばれたことからわかるように問屋商人がその役割を果たした。

4.2　有田焼の管理体制の変化：佐賀藩の統制から同業者組合による品質管理

　有田では，磁器生産が始まった1616年以降，陶磁原料産地である泉山磁石場に近い東部地区に天狗谷窯が築かれた。それ以前から有田西部地区を中心に窯場は存在していた。寛永14年（1637），佐賀藩は民間の陶業者たちが，その窯焚きの燃料として薪材採取のため山を切り荒らすことを懸念し，日本人陶工の追放，伊万里や有田西部地区の窯場を取り潰し，東地区に統合し有田皿山を形成した。泉山陶石の一元的排他的な供給を基礎におく管理体制を伴った窯業圏へと変化し，有田における陶磁器生産は皿山代官所の厳しい管理下におかれ，生産体制が確立されていく。佐賀藩は有田皿山を内山（東部地区）と外山（西部地区）に区分し，代官所や番所を配置して陶石の持ち出しと製品の品質管理，住民の出入りも厳しく監視した。その技術が他藩に漏洩するのを防ぐ策として，内山地区では製造工程ごとに分業制が敷かれ，皿山全体が1つの窯元のようなまちづくりを展開していた。

　寛永元年（1624）には，窯焼，赤絵屋に在来の窯単位の課税を改め窯揚げの度ごとに運上銀を上納することを示達した。寛永末頃（1640年頃）には，酒井田柿右衛門によって赤絵付の技法（上絵のある磁器）が完成され，本来一子相伝であったこの技術が，次第に広まり，寛文2年（1662）には赤絵付専門の上絵師も現れた。寛文12年（1672）に，これら上絵師を赤絵町に集め11戸に規制，窯焼を150戸とし名代札（永代の職種別免許鑑札）を与えた事で，窯焼業者と赤絵付業者の分業化が成り立った。その後海外への輸出需要，国内での日常生活用品としての需要の高まりにより，宝暦元年（1751）前後には，窯焼も増え180戸になった。さらに職種別にも小札を付属し，水滴札，

細工札，絵書札，荒仕子札・釜焼札・底取札を交付し，それぞれ札単位に運上銀を課している。明和7年（1770）には，赤絵付の需要が多くなるに従って，赤絵屋の件数を11戸から16戸に増やした（永竹［1973］，p.116）。このように，佐賀藩の保護・統制により有田焼は管理運営されていた。

　しかし，明治4年（1871）の廃藩置県によって長い歴史を持つ皿山代官所が閉鎖され，皿山の陶業は代官所による窯焼業や赤絵屋業の許可制がなくなり，営業が自由になった。そのように，藩の管理が廃止されたこともあり窯焼は207戸と増えた。管理者不在となった有田焼にとって，最も重要である泉山磁石を自主的に管理する陶業盟約が，窯焼を中心に明治6年（1873）に制定された。この盟約が発展して，明治19年（1886）に窯焼工業会が設立され（松本［1996］，p.33），積極的に粗製濫造を取り締まった。また産業を支える人材教育の面から，産業知識を養う実業教育の必要性に駆られた有田地域の人々の手による，地元有志の寄附によって「勉脩学舎」（現在の有田工業高校）と名付けられた教育機関も明治14年（1881）に設立された。日本最初の工業学校であり，目的として世界に通用する有田焼の品質向上のための窯業技術の教育の実践が掲げられた。

　全国的な動向として，明治10年代から，在来産業における同業者組織化が，法的には「同業組合準則」として明治17年（1884）に発布されていた。これは，同業者の組織化により粗製濫造と不正取引を防止することを目的とするものであった。このような動きに先駆けて，陶業盟約が結ばれていたといえ，有田地域における産地の結束力の強さがうかがえる。そこでの製造業者としてはマニュファクチャー的生産形態である産地に小規模多数集積する中小企業者が主に対象であった。しかしながら，この準則においてはアウトサイダーに対する制裁措置がなく，産地全体に対する拘束力が欠けていた。

　明治期に入り陶磁器の輸出は急増してきたが，明治10年代後半になると，陶磁器は輸出不振に陥っていく。問題として①流行・嗜好をすばやくキャッチして製品に活かす制度・組織が整っていないこと，②粗製濫造・放売・模造などを取り締まる法律や組織がないこと，③業界全体の利益を考える同業

第3章　クラスターによる地域ブランドの形成と展開　　115

者団結の意識に乏しいこと（今給黎［2013］，p.20）があげられている。そこで明治政府は，同業者の意見交歓会の場である陶磁器集談会を各地で開催し，情報の共有や品質の規格化を図ることを促進する組織づくりを後押しした。佐賀県においてもそのような品質の規格化，向上を意図した集談会が開かれ，明治23年（1890）有田陶磁業組合が発足，さらに25年8月には，有田窯焼き全員を会員とする有田磁業会が創立された。これらの組合はこれまで藩が管理していた有田焼の品質を保証しようという意図をもって運営されていたといえる。こうした組合に窯焼業者のみならず陶磁器産業に関わる商人や赤絵付け業者も加わっていく。こうした動きは，明治26年（1893）に結成された有田町商工会（有田商工会議所の前身）設立につながっていく。明治29年（1896）には香蘭社社長9代深川栄左衛門ほか10数名の発起により，有田町全窯焼が所属する有田磁器合資組合を設立し[14]窯元の委託による定期的な入札会で焼き物が販売されるようになった。その背景には窯元たちが商人の資本力に対抗するために商工間の金融機関を設立する必要性があったと指摘される。この合資組合は，明治33年（1900）の産業組合法により改組され有田陶磁器信用購買販売組合となる。さらに現在も続いている有田陶器市の発端となる明治31年（1898）から始まった有田品評会（西松浦郡陶磁器品評会）の開催，その4年後にはパリ万国博覧会へ出品されるなど，品質向上に向けての取組が地域ぐるみで行われた。

　前述したように，輸出に関連する産地産業振興のために，同業者の結束が必要であるとされ，明治17年（1884）明治政府により同業者組合準則が発布されたが，この準則においてはアウトサイダーに対する制裁措置がなく，産地全体に対する拘束力が欠けていた。そこで，罰則規定を持つ同業組合準則よりも進んだ組合制度が明治30年（1897）重要輸出品同業組合法として施行される。この法律は輸出品の産地を対象としたものである。この組合の主な役割が製品検査を行うことであり，検査証などを偽造することに対する罰則も設けられた。明治33年（1900）に重要輸出品同業組合法は廃止され，重要物産同業組合法が制定された。この組合法は対象業種を国内向け製品を含む

重要物産に拡大したものである。このような組合法の成立を背景に，明治31年（1898），佐賀県庁内において重要品輸出組合法により，陶磁器業組合諮問会が開かれ，西松浦郡陶磁器同業組合の設立が明治33年（1900）に認可され，事務所は前述の有田磁器合資組合内に置かれた。この組合が今日の有田陶業の基礎を構築したと言っても過言ではない[15]。

事業内容としては，

一，組合員の製造及び販売金額の品種別，仕向別統計と品質検査数量の集計

二，徒弟の養成（明治43年より）

三，専製権及び専売権の審査と付与

四，懸賞図案の募集

五，品評会の開催と有田焼出品協会の運営

六，職工の雇用登録，組合員は毎年１月に向う１ヶ年の雇用契約を結んだ職工の氏名，性別，職種，賃金を登録し職工の争奪を禁止する（松本[1996]，p.41）。

と定められているように，生産，品質管理，プロモーション，人材教育，職工登録制度などにわたっている。

さらに，大正14年（1925）に，重要輸出品工業組合法，昭和６年（1931）に，工業組合法と，同業組合に続き工業組合に関する法律が相次いで制定された。有田においても，昭和５年（1930），10代深川栄左衛門を理事長に有田陶磁器工業組合が設立され，共同購入，製品の共同販売，倉庫利用事業，貯金受け入れ，資金貸付などを行って，組合員の販売支援，金融援助を図るようになった。この年，有田陶磁器信用購買販売組合は解散するが，これは有田陶磁器工業組合が設立され，窯焼集団としての存在価値が失われたことが一因である。また，長らく有田の陶磁器産業をリードしてきた西松浦郡陶磁器同業組合も昭和15年（1940）に解散するが，これは，業態別の商工業組合結成の動きによるものである。

次第に敗戦の色が濃くなっていった昭和18年（1943），有田陶磁器工業組

合，有田陶磁器錦付工業組合（昭和10年創立），藤津陶磁器工業組合の３つの工業組合代表は合併について協議し，昭和18年（1943）肥前陶磁器工業組合が発足したが，翌19年には佐賀県陶磁器工業統制組合と名称を変更し，陶磁器の生産・検査・出荷の統制業務，燃料の共同購入などで，戦時下での活発な事業を行った（今給黎［2013］，p.50）。その後，昭和24年（1949）中小企業等協同組合法による有田陶磁器工業協同組合が発足し，昭和44年（1969）に佐賀県陶磁器工業協同組合と名称を改め現在に至る。同組合は，品質管理，共同購入といった生産面におけるマネジメントのみならず，組合員の製品の販売代金の集金代行という金融事業も行っている。この事業により「産地商社との取引を決済条件などに関して有利にすすめてきた」[16]ということである。このように同業者組合で品質管理を行う組織が形成され，産地ぐるみで地域ブランドへの取組がみられた。

　戦後，昭和26年（1951）には肥前地区の陶磁器販売業者と生産業者が流通の合理化を図る中で，相互扶助の精神に基づき共販業務，入札会の実施など商工一体となった肥前陶磁器商工協同組合が発足。昭和38年（1963）には有田焼直売協同組合（平成24年（2012）解散），昭和45年（1970）に有田焼卸商業協同組合（現佐賀県陶磁器卸商業協同組合）と続き，昭和54年（1979）に大有田焼振興協同組合が発足した（平成20年（2008）解散）。このような流通機能を担う組合については，のちの「流通体制の変化」の項で考察を行う。以上みてきた「同業者，商工組合の変遷」を図表３－２にまとめている。

図表3-2 同業者、商工組合の変遷

主な加盟者	窯元	窯元・商業者	商業者
明治6年 (1873)	陶業盟約		
明治19年 (1886)	窯焼工業会		
明治23年 (1890)		有田陶業組合	
明治25年 (1892)	有田磁業会		
明治26年 (1893)		有田町商工会	
明治29年 (1896)		有田磁器合資組合	
明治33年 (1900)		有田陶磁器信用購買販売組合 ←名称変更	
同年		西松浦郡陶磁器同業組合 昭和14年 (1939) 解散	
昭和5年 (1930)	有田陶磁器工業組合 名称変更		
昭和18年 (1943)	肥前陶磁器工業組合 名称変更		
昭和19年 (1944)	佐賀県陶磁器工業統制組合 名称変更		
昭和22年 (1947)	佐賀県陶磁器工業協同組合 名称変更		
昭和24年 (1949)	有田陶磁器工業協同組合 名称変更		
昭和26年 (1951)		肥前陶磁器商工協同組合 名称変更	
昭和38年 (1963)			有田焼直売協同組合 平成24年 (2012) 解散
昭和44年 (1969)	佐賀県陶磁器工業協同組合		
昭和45年 (1970)			有田焼卸商業協同組合
昭和54年 (1979)	大有田焼振興協同組合 平成20年 (2008) 解散		

4.3　有田焼の生産体制の変化

　江戸期には，佐賀藩の統制下にあって分業体制で手工業的に生産されてきた有田焼であるが，明治期になり，藩の統制がなくなり同業者組合，産業別組合などが結成され，産地ぐるみで統制が行われてきた。長らく手工業的生産が続いてきたが，一部技術革新や機械化，組織的には分業や協業が発達し生産体制の拡大も行われてきた。また，企業形態の陶磁器工場も設立され，製陶機械を導入，独自に販路を切り開き全国，海外へと展開していった。こうして明治期以降，有田焼の生産体制は，①中小規模の窯元を中核とするもの，②独自の作風を持ち高級美術品を生産する工芸美術窯元に加えて，③会社組織の形態をとり，機械化による生産体制を行う陶磁器メーカーという３つのタイプによってすすめられていく。②の窯元は，日本で初の赤絵付けの技法「柿右衛門様式」を開発した酒井田柿右衛門，今もなお，色鍋島の品格を守り続けている今泉今右衛門，絵付けの柄をインテリアやアクセサリーなどにまでも展開させた源右衛門，この３つの窯元であり三右衛門ともいわれる名門窯を代表とし，独自に作家活動を行う窯元もこれに含む。③の陶磁器メーカーは，香蘭社，深川製磁が代表といえる。「①の窯元は150軒を超えるくらい，②の三右衛門に加え，作家活動を行っている窯元は30軒ほど」[17]ということである。

　陶磁器業では，その主要な燃料である薪の原料コストの割合が高く，農商務省により調査された明治28年（1895）のデータによれば，原土（粘土）・釉薬・絵の具などを含めた原料の割合が約４分の１，職工の労賃の割合が約４分の１であるのに対して，薪をはじめとする燃料の割合が約２分の１（宮地[2008]，p.129）を占めたということである。そのようなコストがかかる薪を使用した焼成から，格安の石炭を利用した焼成への転換を目指して，石炭窯の開発が行われ，G.ワグネルの弟子の一人である松村八次郎により，明治39年（1906）に完成した。しかし，石炭窯は，東濃地方，瀬戸地方で大正時代に急速にすすんでいくのに対して，有田地方では導入が遅れた。その要因として，石炭窯では薪に比べていぶりやくすみが出ることから東濃・瀬戸

地方より高価な日用品や美術品を生産している有田の窯元に採用されなかったという理由がある。その結果，石炭窯の導入により効率的な生産を行えるようになった，東濃，瀬戸地域に市場シェアを奪われ，有田の陶磁器における地位も低下していく。有田地方でも昭和に入ってから石炭窯の改良にともない導入がすすむ（有田町歴史民俗資料館［2002］，p.45）。やがて昭和30年代後半から40年代にはいって窯の燃料は重油あるいはLPガスへと急速にすすむ。昭和50年代以降には電気窯の取り付けがすすみ現在では，電気窯やガス窯が主流となっている。

　燃料の変化のみでなく，原料の産地にも変化がみられた。明治中期になるとそれまで泉山石に劣ると根拠なく思われていた天草陶石が，調査試験の結果，硫化鉄の含有率が低く粘力に富むので焼度を高めることができることがわかり，徐々に使用されるようになった。天草陶石は世界的規模の陶石鉱床といわれている。品質的にも量的に優れていることから有田焼の原料供給地となり，天草下島の西海岸で陶石の採掘業が発達していく。そこで採掘された陶石は船で佐賀県藤津郡塩田町に運ばれ，塩田川沿岸の水流を利用したスタンプ粉砕により陶土となり，その陶土は波佐見や有田などに運ばれていった。その過程で塩田川沿岸で陶土業が形成された。その後の工程である成形以下の工程は窯元内部で行われていたが，高度経済成長期に成形は波佐見町，赤絵付けは有田町に下請けに出されるという，分業体制ができてきた。このような分業体制が進展した背景には，先に述べたように昭和30年頃から薪・石炭から，重油・LPガスへと燃料が変化し，焼成方法の過程で新しい生産技術の採用がなされ，生産規模が拡大してきたことがあげられる。そこでは，機械化や焼成方法がすすみ，窯炊きやろくろ師などの熟練労働者が駆逐されたが，絵付け部門と生地部門では手工業的工程が依然として必要とされた。折しも高度経済成長期で市場の需要も増大していく中で，生産拡大が志向されるが，機械によって大量に生産できる工程ばかりでなく，絵付け部門や生地部門では人手に頼らなければならず，下請けに仕事を発注するという図式となっていった。受け皿とし生地業では，波佐見町の農家や有田町の製陶所

で働いていたが家族経営による副業として営み，絵付けでは有田町の主婦が内職として仕事を請け負うという形で下請けを行う農家や家庭が増大していく（下平尾［1977］，pp.239-240）。

このように，高度成長期にかけて，有田焼の生産体制の第一のタイプである中小規模の窯元において，分業体制は地域的に広がりをみせ，クラスターを形成していくことで生産規模を拡大していく。また，波佐見地域では，成形の工程を行うのみでなく，江戸時代から日常食器を大量生産していた。そうした焼き物は，江戸時代には伊万里焼，明治以降は有田焼と称されて販売されてきた。「有田では業務用にシフトし，波佐見では家庭向けの一般食器やギフトなどを作りそれが有田焼として流通しており，有田焼のカテゴリーとして一般食器から業務用，さらに三右衛門といわれる窯元が高級美術工芸品をつくっており，肥前地区で一体となって有田焼のブランドを支えていた」[18]。

4.4　流通体制の変化

先にみてきたように，有田焼は，江戸時代には伊万里商人，明治30年代以降は有田商人の有田焼の生産体制において，3つのタイプがあることを指摘したが，この中小規模の窯元を中核とするものが主流といえ，これらの製品は，窯元から産地問屋・消費地問屋・小売店という経路で流通していった。そこで産地において流通を担っていたのは，江戸時代には伊万里商人，明治30年代以降は有田商人であった。そうした有田の産地問屋は戦時中の生産統制により壊滅的な打撃を受けるもののその後復活をみせ，先にみてきたように戦後，昭和26年（1951）に商工一体となった肥前陶磁器商工協同組合が発足した。

昭和30年代後半からの高度経済成長の過程で，窯元から直接仕入れて旅館や料亭に販売する直販業者が台頭し，昭和38年（1963）に有田焼直売協同組合（平成24年（2012）解散）が組織化される。昭和45年（1970）には，産地問屋の組織である有田焼卸商業協同組合（現佐賀県陶磁器卸商業協同組合）

が設立される。

　有田地域において直販業者の台頭といった新しい流通の動きがみられる中で，波佐見地域においても，品揃機能と倉庫と陳列をかねた大規模店舗をもつ新興の問屋も勢力を拡大し，有田にある老舗の産地問屋の地位が低下していく。有田の産地問屋においてそのような波佐見地区の問屋に対抗すべく規模の拡大，合理化が志向されはじめ，昭和50年（1975）「有田焼卸団地協同組合」が設立された。この卸売団地には有田町内のすべての卸売業者（有田焼卸商業協同組合及び肥前陶磁器商工協同組合の加入者）が移転（下平尾［1977］，pp.63-64）し，産地の結束をみせた。しかし，昭和48年（1973）のオイルショック以降，市場は冷え込み，販売不振に陥る。そこで産地の危機感を反映して昭和51年（1976）に有田の情報発信の拠点づくりとして「陶磁器総合会館建設構想（仮）」が打ち上げられ（山田ほか［2012］，p.712）消費者ニーズに対応した商品開発力の強化などマーケティング戦略の提案を行った。この動きからさらに具体的に組織化がすすみ，佐賀県陶磁器工業協同組合，肥前陶磁器商工協同組合，有田焼直売協同組合，有田焼卸商業協同組合（現佐賀県陶磁器卸商業協同組合）の４つの業界団体が母体となり昭和54年（1979）大有田焼新興協同組合（平成20年（2008）解散）が発足した。このように異業種である産地問屋，窯焼，メーカーが相互に情報を共有しながら（山田ほか［2012］，p.718）消費者のニーズを把握することが志向された。

5 ｜ 地域ブランドとしての有田焼

　磁器発祥の地である有田であるが，近代化に乗り遅れ明治期には瀬戸・美濃地方にシェアを奪われていく。大正，昭和と数度の戦争がおき，有田も打撃を受けるが，高度経済成長期以降業界全体の規模も拡大していく中で，大消費地に近く大量生産体制を整えた瀬戸・美濃は普及品，有田は手彩色の色

絵磁器は高級料亭，旅館などの業務用食器として市場を棲み分けていく。市場規模も拡大していき，バブル期にピークを迎える。しかしその後は減少の一途をたどり，有田焼の共販売上高（ここでの共販売上高は，窯元が共販制度を利用した売上高であり，有田焼全体の売上高ではない）は，平成2年（1990）のピーク時のおよそ160億円から平成24年（2012）現在では約20億円となっている[19]。この衰退の要因として，バブル崩壊後観光産業の停滞，飲食業の不振に加え，安価な輸入品の台頭があげられる。このように厳しい状況が続いているものの，陶磁器製和食器の出荷額では岐阜県に続き佐賀県は第2位と，日本を代表する磁器産地であることに変わりなく，知名度は抜きんでておりブランドとして高く認知されている。こうした状況において，産地はどのように課題を認識し克服しようとしているのかを，考察していく。

5.1 地域ブランドのマネジメント主体

　陶磁器のような手作り型産業クラスターの場合，ブランド類型として，①地域ブランド（地域内の複数の事業体をマネジメントする主体がブランド付与）レベルから，②窯元・作家に対する○○窯，作家という小規模の企業ブランド・作家ブランドが存在する。③比較的大規模生産で，企業内で工程を分担し，品質管理を行い企業ブランドとして展開するものもある，と第1節で述べた。有田焼において①は手作り型産業クラスターから形成され，地域内の複数の事業体をマネジメントする地域ブランド，②は柿右衛門のような窯元に対する小規模の企業ブランド，③は香蘭社などのように企業内で工程を分担し品質管理を行う企業ブランドに相当する。有田焼の主流としては，中小規模の窯元を中核とするタイプであり地域ブランドを形成している。それでは，②や③は，有田焼という地域ブランドの認知はないかというと，有田という地域イメージが傘ブランドとして作用し，有田焼の柿右衛門，有田焼の香蘭社などとして意識されているといえる。そのような傘ブランドとしての役割を果たしているのは有田焼のブランドが消費者に広く認知を得てお

り，愛着をもたれているからといえよう。

　ここでは，有田焼の主流である，中小規模の窯元を中核とする生産体制において，地域ブランドとして全体を誰がマネジメントしているのかということを考察したい。有田焼の生産過程として，採掘（天草）－製土（塩田，現嬉野）－成形（波佐見）－素焼き・施釉（有田・波佐見などの窯元）－焼成（有田・波佐見などの窯元）－絵付け（有田など）といったように，地域にひろがりクラスターを形成している。また，そうして生産された製品は，家庭用の一般食器は，産地問屋→消費地問屋→小売業というチャネル，業務用和食器は，直売業者→旅館・料亭，または産地問屋→旅館・料亭というチャネルで流通していった。特に高度経済成長期を通じて，後者の業務用和食器のチャネルが有田焼として主流となった。この背景には，磁器である有田焼が，陶器よりも軽く丈夫で，白く美しいという強みに加え，直売業者が直接ユーザーを訪問するというルートセールスに徹したことで，川下のニーズを川上に伝達するという役割も果たしたことが成功した大きな要因といえる。

　モノでなくブランドとして確立していくためには「品質管理・保護」「顧客との関係性」「革新」という３つの要素を取り入れることが必要となる。また，ブランドは，簡潔にいえば「モノ」＋「情報」であり，モノに関しては品質管理・保護，革新を誰がどのように行うのか，情報に関して「顧客との関係性において」誰がどのように伝達するのか，ということが問われる。

　江戸時代は，藩が分業体制を確立し有田焼のモノづくりを管理・保護する一方，情報の伝達は，当時の「IMARI」ブランドのイメージを形成した産地問屋である伊万里商人が行った。明治維新を経て二度の大戦を経た戦後復興期から高度経済成長期にかけて，「有田焼」の情報を顧客との双方向性のチャネルで伝達してきたのは販売にかかわった産地問屋である有田商人，直売業者といえる。「有田焼をカバンにいれて，それを背負って汽車にのり日本全国回って有田焼を広めた商業者の力はすごい」[20]と明治後期の有田商人の販路開拓，情報収集力をたたえられている。さらに高度経済成長期における直売業者，有田商人に関して「有田みたいに全国あちこち，ルートセ

ールスをしているところはないですね。それによって情報をフィードバックしていた」[21] と指摘されるように，有田焼は高度経済成長以降，業務用和食器にシフトし，そうした業者を直接に訪問し販路開拓を行い固定的な顧客を得て情報収集・伝達を行っていた。しかしながら，バブル崩壊以降，業務用和食器の需要の減少に直面し，一般食器に市場を見出そうとするが産地間競争や輸入品との価格競争に阻まれ厳しい状況にある。「正式な統計はないが，業務用食器と一般家庭用食器が，8：2ぐらいであったものが，現在では5：5かそれ以上に一般用食器が多くなっている」[22]。

　ブランドは実態のないイメージといえるが，実態を持つモノを起点として形成される。戦後復興期のものづくりにおいて，佐賀県陶磁器工業協同組合といった同業者組合が中心となり品質管理・品質向上に努めてきた。この時期まで有田焼はモノレベルで明らかに他と差別化できる要素があった。それは磁器の持つ白さ，丈夫さであり，洗練された手書きの絵付けであり，多様な形を持っているということである。また，肥前陶磁器商工協同組合のように窯元と産地問屋で組織化された商工組合において，「販売面において共販体制を確立してきた。これは他産地にはない有田の特色といえます。そこでは，窯元が問屋の下請けではなく，独立した市民権をもってお互いに協力して産地のパワーとなってきた」[23] というように　高度経済成長期を通じて市場環境は良いものを作れば売れるという時代において，共販体制の確立は，小規模の窯元・小規模の産地問屋がまとまることで，量的に展開できたという強みを発揮できた。そうした共販体制の確立は「産地問屋がリスクを負い窯元は生産に従事するというスタイルではなく，リスクを分け合うというスタイルになっていた。そうした体制においてはリスクをとってこれをつくるという先進のイノベーションを起こす機能が弱いという一面がある」[24] と指摘されている。その点は，販売志向マーケティングが通用していた時代には現れなかった弱みといえよう。

　高度経済成長期以降，他産地の技術も進化し品質面で他を引き離していた有田焼に追いついて差別化できなくなっている。こうした状況においてもの

づくりにおいて革新が求められており，さらに近代的なブランド管理が必要
である。すなわち，革新を生み出す主体としてのブランド付与主体の明確化，
品質管理の基準・保護が必要とされている。品質管理の基準・保護としては，
昭和52年（1977）に通産省より伝統工芸品の指定，昭和59年（1984）に特許
庁より有田焼の商標登録が図形商標として認可（申請者：佐賀県陶磁器工業
協同組合）されている。しかし，その商標を示すにあたって明確な基準はな
い。有田焼として連想される歴史や産地のイメージは形成されているものの，
モノ自体に対して，安価なものから高価なものまで有田焼として販売されて
いる。有田焼は高価なものであるという漠然としたイメージはあるのだが，
実際には驚くほど安価なものも有田焼と称されて販売されている。この点に
関して「平成8年頃，有田焼の生産量が半分になったとき，有田町の名誉町
民で，古伊万里の収集家である柴田昭彦さんが有田焼のブランド基準を明確
にして売り出すべきといわれたのです。原材料は天草陶石，焼成温度は1300
度，などといった基準を作り表示すべきと提案されました。しかし，現状で
は土ものもあり，温度も1300度までいかないなどということもありまとまり
ませんでした。われわれとしては，肥前地区でできているものは有田焼でよ
いのではないかとおもっていますが，誰がどこでつくったということを保証
するような業界基準をつくり商標を貼ってPRしていきたいとおもっていま
す。現在の有田焼の法的基準として，最終加工地が有田であれば，中国から
生地をもってきたものに絵付けをして加工したものでも有田焼としてだせる
ことになります。しかし，それは有田焼とは認めないという方向でまとめて
いくのがよいのではと考えています」[25]という有田焼の地域ブランド基準
の方向性が模索されている。

　顧客志向のマーケティングが求められる中で，業界全体がまとまり知識集
約型組織を目指し大有田焼振興協同組合が設立されたことをみてきた。しか
しながら，「利益を出す事業をやれず国の補助事業などで催事に出展すると
いったことだけしかやれなかったため，経営的に採算もあわず」[26]またそ
の組合で期待された人が「リーダーシップをうまく発揮できず立ち行かなく

なってしまい」[27]，結局は平成20年（2008）に解散した。現在，有田焼の新しい戦略をたてるための組織として期待されているのが平成22年（2010）に設立された「総合経済対策会議」であり，議長は田代正昭町長，委員は窯業，農業団体関係者ら13人で，窯業，農業，観光の3部会で協議を重ねている。見本市への出展による国内大消費地への販路開拓や展示会の開催による中国などへのPR，陶器市の際にイベントを開催するなど観光と連動させた販売促進，といった取組が行われている。当初統一ロゴマークを作ろうというブランド管理に通じる意図もあったが，現在まで具体化していない。こうした，官民一体となって地域ブランドをマネジメントしようという動きはあるが，先に見てきたような大有田焼振興協同組合ほど業界全体を取り込んだ組織であるとはいえない。「大有田焼振興協同組合は，大変意義ある組織だったのだがうまくいかず大変残念」と業界の意見も強い。すなわち，地域ブランドとして異業種をまとめ面的に展開するためのマネジメント組織としての役割を担えたものと思えるだけにその解散が惜しまれる。

　さらに，新たなものづくりという革新の視点，さらに顧客との関係性としてはどのような展望が描かれるのかを次節でみていく。

5.2　地域ブランドとしての有田焼の強み

　他産地ではみられない共販体制を確立し，産地としてのまとまりで全国的に知名度を高めていった有田焼であるが，そこでのビジネスモデルであった業務用和食器のルートセールスが立ち行かなくなってきている。有田焼のデザインにおける特色として，手書きによる上絵付けがあり，そこでは瑞祥や唐獅子文様といった伝統的絵柄が一般的である。また，器の型も用途を限定するものであった。しかしそうした絵柄は敬遠され，食生活の洋風化によりどのような料理にでも使用できる汎用的なデザインが好まれるようになっている。このような中で，新しい革新として，ターゲットを家庭用とし，新しいライフスタイルを提案した「究極のラーメン鉢」シリーズが平成15年（2003）に発売された。これはNHKと産地問屋，窯元が協同で開発し

た事例である。そこでは，「インスタントラーメンをおいしく食べる」ための機能にこだわるという，新しい提案があり，型は同じだが窯元によって異なる絵柄を選択できるという楽しさがある。この商品シリーズのヒットに続き「巧の蔵シリーズ」を平成17年（2005）に有田焼卸団地協同組合（23社）の青年部と窯元が協同して開発した。機能性を重視し，同じ器で窯元によってデザインが異なるというコンセプトは「究極のラーメン鉢」と同様である。さらに，ブランドとして共同で売るというという戦略をたて，「毎年秋の陶磁器祭りで発表するというシステムになっている」[28]。県匠の蔵シリーズは，「一番人気の第1弾・焼酎グラス（平成17年）からカレー皿，ビアグラス，平成25年（2013）のマグ＆ティーマグまで累計98万ピースを売り上げるヒット商品」[29]となっている。平成26年（2014）は第8弾「SAKE　GLASS」で，冷酒用のグラスとなっている。匠の蔵シリーズは，産地問屋と窯元の協同でのダブルブランドとして形成されている地域ブランドといえ，機能性にこだわるという面で革新的な商品開発といえる。さらに，消費者ニーズの多様化と有田焼の生産体制である多品種少量生産体制がマッチし，有田焼の特徴である上絵付けという伝統をいかした現代的な多様な絵柄の提供は，まさに顧客志向マーケティングを体言したものと評価できる。「このような新しい取組を通じて家庭用一般食器の位置がみえてきた」[30]と指摘されている。

　「多くはありませんが，10社ほどの産地問屋の商業者がプロデュース力を発揮し，その商業者に選ばれる窯元という図式はできています。そのようなところでは新しい販路が開拓できています。新商品開発による業態開発だといえます」[31]。また，窯元4社と外部デザイナーとの共同で「HOUEN」というブランドを平成16年（2004）立ち上げ，白磁を特色としながら新しいライフスタイルにマッチするデザイン性の高い食器をシリーズ化し，上質の暮らしを求める比較的若い世代をターゲットとし都心の生活雑貨店などと取引を行っている例もある。

　このような展開は，有田焼の伝統や，生産体制をいかしながら，革新的な商品開発によって新しい販路を開拓しようという動きである。有田焼はグレ

ードとして，上位のブランドポジションを志向してきたが，このような新しい動きにおいても有田焼を上位のポジションとして位置づけられている。そこでは，品質の良さを消費者に伝えるのみならず，機能性やデザインに優れ新しいライフスタイルを提案できるような食器であることで，グレードの高いブランド形成を行っている。

5.3　地域ブランドを形成する要素

　地域ブランドの構図として，第3節で図表3－1をあげた。この図に有田焼を当てはめてみると，中核となるものは，もちろん「有田焼」である。そのモノとしての有田焼にどのような，地域諸資源の要素が関連しているのかをみていく。「体験・交流」では，春・秋の陶器市，絵付けや窯焼体験，「歴史・自然」では，磁器発祥の地であるという400年の歴史，お祭りとしてはべんじゃら祭り（べんじゃらとは陶器の破片のこと），雛の焼き物祭り，陶工感謝祭，など焼き物に関連した祭り，歴史資源としても価値がある泉山陶石場，重要伝統的建造物群保存地区に指定された江戸時代の建物も残る有田の町並（内山地区），「観光関連施設」としては，有田ポーセリンパーク，有田陶磁の里プラザ，有田焼卸売団地などがあげられる。

　地域ブランドを構成する諸要素をあげたが，中でも顧客との強い接点をもつことで地域ブランドとして強固なイメージを形成している要素は，春の陶器市である。人口2万人ほどの有田の町に1週間で100万人もの観光客が訪れる全国的に人気の高いイベントで，平成15年（2003）に100回を迎えたという伝統あるものである。この春の陶器市に加えて，秋の陶器市が平成14年（2002）から始まった。この秋の陶器市は，「食と器とおもてなし」というテーマで，各窯元で焼かれた器を使い地元の食材での料理を，窯元の人のもてなしとともに味わうというものである。これは，「平成18年（2006）旧有田と旧西有田の合併に伴い，旧有田は焼きものが主産業，旧西有田は農業がさかんということで，食と器とおもてなしということで，有田町で事業がはじまった。器と食と自然と有田の歴史，町並をいかしまちづくりをしていこう

という試みである」[32]。有田焼のブランド連想として，陶器市は主要なイメージになっており，顧客と窯元が直接関係を築けるという場としてブランドを形成する主要な役割を果たしている。このイメージをいかして，秋の陶器市が開催されたといえ，1年を通して観光客を呼び込めるように体験，宿泊を取り入れた有田型のツーリズムへと展開していくことが課題とされている。

6 | 新たなビジネスモデルとマネジメントの在り方

　景徳鎮と有田を事例とし，手作り型産業クラスターを通じて地域ブランドが形成される体制とその展開について考察を行ってきた。そこで，クラスターが形成される生産・流通・管理体制を考察し，クラスターとして全体的に誰がマネジメントしているのかということに注目して考察を行った。景徳鎮において清時代まで官窯がマネジメントを行ってきたのだが，新中国成立以降，マネジメント不在の状況にある。特に流通が組織化されていない点が問題であり，情報のフィードバック，新しい販路・ターゲットを開拓し新製品を開発するという革新を生み出す基盤がみられない。有田の場合，80年代まで通用していた業務用和食器の販売に特化するというビジネスモデルが通用しなくなっている。そのような中，全体をまとめていく強力なマネジメント主体は登場していないが，一部の窯元と産地問屋との連携で家庭用一般食器への販路を開拓している。そこでは，クラスターをいかした生産体制で商品を生産し，エンドユーザー視点を持ち新しい提案を行っていこうという動きがある。具体的には多品種少量生産を行う多数の窯元がまとまりロットを大きくするという体制である。

　個別ブランドでなく，地域ブランドとして展開していく強みを明らかにしていくためには，顧客接点の場を作り，よりよい関係性を構築していくことが必要である。その点有田は「春・秋の陶器市」というイベントでの交流が

行われており，ブランドイメージ形成に寄与している。一方，景徳鎮は国家レベルで景徳鎮国際陶磁博覧会が毎年開催されているが，バイヤーを対象とするもので，エンドユーザーとしての顧客接点という場ではない。

どちらも磁器発祥の地という長い歴史，セレブレティ・ブランドの系譜をもち世界的な名声を得てきた。しかし市場環境，消費者ニーズが変化する中で，新たなターゲット，販路開拓を行わなければならない状況にある。有田では「新たな家庭用一般食器の立ち位置がみえてきた」と変化への方向性が見出されはじめているが，景徳鎮においてどのように革新が行われていくのかいまだみえていない状況といえる。

注

1）この研究は，「手作り型産業クラスターの遷移位相」科学研究費基盤研究(B)2230115代表　京都大学教授「日置弘一郎」の補助を受けている。
2）China Press 2013：IT
3）China Press 2014：IT
4）2011年12月取材：景徳鎮市磁局　雷軍副調査員，叶逢春副主査
5）JETRO2009年12月　中国の陶磁器市場動向
6）2011年12月取材：景徳鎮十大陶磁工場歴史博物館　李勝利館長
7）2011年１月取材：江訓清　陶芸作家
8）2011年12月取材：東方好友陶磁有限公司　徐莉副社長
9）注４）に同じ
10）注８）に同じ
11）2011年１月取材
12）注４）に同じ
13）「有田焼創業400年事業　佐賀県プラン」2013年
14）有田町歴史民俗資料館　館報『皿山』No.75　2007年
15）同上
16）2010年11月取材：佐賀県陶磁器工業協同組合　百武専務
17）2010年11月取材：佐賀県農林水産商工本部　商工課地場産業振興担当江副主査
18）2011年３月取材：有田焼卸団地協同組合　篠原理事長　田代専務理事
19）福岡県財務支局・佐賀財務事務所「地場産業（有田焼陶磁業界）の動向につい

て」平成26年6月24日

20)　注16) に同じ

21)　注18) に同じ

22)　注17) に同じ

23)　2010年11月取材：肥前陶磁器商工協同組合　山崎専務

24)　2010年11月肥前陶磁器商工協同組合取材時の意見：京都大学日置教授

25)　注18) に同じ

26)　注17) に同じ

27)　注18) に同じ

28)　佐賀新聞2014年11月14日

29)　注18) に同じ

30)　注17) に同じ

31)　注23) に同じ

32)　2010年11月取材：有田町商工観光課　大串副課長　旗島主査

参考文献

有田町歴史民俗資料館・有田焼参考館編 ［2002］『研究紀要』第11号.

今給黎佳菜 ［2013］「近代日本陶磁器業における情報ネットワークの発展」『技術革新
　　と社会変革』第6巻第1号.

大木裕子 ［2014］「景徳鎮の陶磁器クラスターにおけるイノベーション過程に関する
　　考察」京都産業大学マネジメント研究会『京都マネジメント・レビュー』第24号.

金沢陽 ［2010］『明代窯業史研究—官民窯業の構造と展開』中央公論美術出版.

佐久間重男 ［1999］『景徳鎮窯業史研究』第一書房.

下平尾勲 ［1977］「地場産業の構造変化と流通問題—有田焼産地の構造分析」『東北経
　　済』，福島大學東北経濟研究所，63号.

永竹威 ［1973］『日本の陶磁1　伊万里』保育社.

野上建紀 ［2007］『近世肥前窯業生産機構論：現代地場産業の基盤形成に関する研究』
　　雄松堂.

方李莉 ［2006］「中国景徳鎮：新時代における民窯の再生とその実態」『文明21』
　　No.17.

馮赫陽 ［2009］「近代中国における日中陶磁の市場競争について」『或問』近代東西
　　言語文化接触研究会，99，No.16.

松本源次 ［1996］『炎の里有田の歴史物語』山口印刷.

三杉隆敏［1989］『やきもの文化史―景徳鎮から海のシルクロードへ』岩波新書.

宮地英敏［2008］「石炭窯の導入における日本国内の地域的な偏り」『第4回国際シンポジウム日本の技術革新講演集・研究論文発表会論文集』.

山田雄久ほか［2012］「大有田焼振興協同組合の設立とその背景」『商経学叢』近畿大学商経学会，59(2).

喩仲乾［2003］「景徳鎮の磁器産業の発達における官窯の役割：1402-1756」『国際開発研究フォーラム』24［Aug.］.

四方田雅史［2006］「太平洋経済圏とアジアの経済発展―戦前期における日本・東アジア間の共時的構造と制度的差異に着目して」早稲田大学博士学位申請論文.

李艶・宮崎清［2010］「景徳鎮地域における伝統的磁器手づくり工房の様態―景徳鎮の伝統的磁器産業の中核としての手づくり工房の諸相」『デザイン学研究』Vol.56, No.5.

李艶・宮崎清［2011］「景徳鎮地域における製磁工房の今日の様態―現在の景徳鎮磁器の生産体制と教育体制を中心として」『デザイン学研究』Vol.58, No.1.

李艶・宮崎清［2013］「景徳鎮地域における製磁の雇用体制」『デザイン学研究』Vol.60, No.1.

Tedlow, Richard S.［1990］*New and Improved: The Story of Mass Marketing in America*. Basic Books, Inc., R.S.（近藤文男監訳［1993］『マス・マーケティング史』ミネルヴァ書房）.

第 4 章

クラスターへの帰属意識と影響要因

　産業クラスターを発展させるためには，クラスターに対する帰属意識の高い人材が不可欠である。本研究はクラスターに対する帰属意識の意味，さらに，外在的要因と内在的要因，及び両要因の相互作用の側面より，クラスターに対する帰属意識の影響要因についての考察を行う。具体的には，伝統的な陶磁器産地として知名度の高い中国景徳鎮における陶磁器クラスターを取り上げる。景徳鎮で暮らす職人を対象に半構造化のインタビュー調査を行い，帰属意識の高い人材がどのように育成されているかについて検討する。

1 クラスターへの帰属意識

クラスターの発展を支える重要な原動力の1つは，クラスターに対して高い帰属意識を持つ職人の存在である。近年産業クラスターでは，機械化の導入と生産技術の進歩による自動化生産が押し進められており，次第に手作り製品の優位性が失われ，多くの職人が手作り型産業クラスターから離れることを余儀なくされている。一方，伝統的な製造プロセスで生み出される手作り製品には，人間の知恵が凝縮されているだけではなく，手作りでしか作り出せない粋な趣や美しさが込められており，貴重な芸術的価値を生み出す上でも守り続けなくてはならないものである。このような伝統的な手作り産業の業界を維持継続しながら復興させていくことには大きな意味があるため，伝統的な手作り産業クラスターに対する帰属意識の高い人材を育成していくことは，緊急性の高い課題となっている。このような背景の中で，本章では個人の視点からクラスターに対する帰属意識及びその帰属意識に及ぼす影響要因について考察する。

1.1 会社への帰属意識との違い

帰属意識に関する先行研究としては，マイヤーとアランのように，会社に対しての帰属意識が数多く研究されている（Meyer & Allen［1991］，［1997］）。しかし，クラスターへの帰属意識は，少なくとも下記の三点が会社に対する帰属意識と異なっている。

第一に，成員性という認知的感覚が会社とクラスターでは異なる。個人は正式に会社に所属することで，自分が企業組織の一員であるという自覚を持つ。しかし，クラスター内で生活と仕事しているだけでは，クラスターに所属する認知的感覚が生まれるとは限らない。また，クラスターは会社と異なり，広くてぼんやりとした存在であるため，自分が成員であることをはっきりと認識していなかったとしても，個人がクラスターに対して帰属意識を感

じることは十分にあり得る。長年クラスターで暮らしていた人がいったん離れても，他の地域に馴染めなくて結局戻ってきたという例がたくさんある。

　第二に，社会的交換関係は，クラスターの方が会社よりもかなり複雑である。会社では，貢献することにより心理的契約の期待を持つことになるが，クラスターに対しては，個人が直接的に貢献しているという感覚は薄く，クラスターの中での社会関係を通じてのみクラスターとの社会的交換を行うことが多い。またクラスター内では，仕事上の関係だけでなく，私生活における交流も重要である。例えば，親戚との付き合いや子供の就学，親の介護等の生活等，あらゆる側面でクラスターに対する満足度がクラスターへの帰属意識に影響を与えることが推察される。

　第三に，帰属意識を支える深層構造が会社とクラスターとでは異なっている。例えば，歴史の古い手作り産業クラスターでは，地縁・血縁・姻縁・学縁によって結びつけられているクラスターならではの職人社会の構図を呈している。地縁を例に考えると，クラスター内部に特定地縁関係者のコミュニティが形成されれば，高い結束力を持った集団が生まれる可能性がある。手作り産業クラスターの中での分業のあり方を見ると，同郷者が特定の専門的技術を得意として，出身地による閉鎖的な地縁集団が形成されることが多い。会社の中でも地縁により特定の地域出身者のインフォーマルな結束が高くなる現象がみられるが，このことが正式な職場での役割分担にまで強い影響を及ぼすことは少ない。このような場合には，クラスターへの帰属意識の基盤は個人にあるのではなく，地縁集団の形成を通じてクラスターへの帰属意識が形成されているものと考えられる。

1.2　本章の問題意識

　本章では，以上のような会社に対する帰属意識の差異を認識した上で，次の３つの問題意識を中心に考察を進める。

　第一に，クラスターに対する帰属意識の実態を把握する。これまで会社に対する帰属意識は多次元的な概念として捉えられてきたが，クラスターに対

する帰属意識も同様に多次元的な概念で分析することの可否を確認する。また，もし可能であれば，具体的な解釈の方法も検討する。

　第二に，クラスターへの帰属意識の影響要因については，内在的要因，外在的要因，及び内外要因の相互作用の３つの側面から検討を行う。外在的要因とは主に地縁，血縁，学縁等の社会関係の形成状態としての影響要因のことである。また，内在的要因とは個人の自己アイデンティティに対する捉え方のことであり，内外要因の相互作用とは，特定な外的社会関係に埋め込まれていることと，個人が持つ自分のアイデンティティに対する捉え方との間の相互作用のことである。

　第三に，以上の帰属意識とその影響要因の理論的分析を踏まえて，具体的な事例考察（ここでは景徳鎮の陶磁器クラスター職人）を行う。景徳鎮の陶磁器クラスターは，歴史上の隆盛期には及ばないが，陶磁器産地としての世界的知名度はまだまだ高い。ここで働く陶磁器職人が景徳鎮に対して如何なる帰属意識を持ち，また彼らの帰属意識に影響を及ぼしている社会関係性と自己アイデンティティに対する捉え方を具体的に解析する。

2 ｜ 帰属意識の構成

　ポーター（Porter［1998］）によると，クラスターとはある特定の分野における，相互に結びついた企業群と関連する諸機関からなる地理的に近接したグループであり，さらに，これらの企業群と諸機関は，共通性と補完性で結ばれていると定義している。具体的な構成要素として，特定分野とは最終製品・サービス分野で，相互に結びついた企業群の中には最終製品・サービス販売企業，諸資源・部品・サービス等のサプライヤー，諸関連・流通チャネル，専門インフラ提供者と金融機関を含んでおり，さらに，関連する諸機関には産業団体，規格団体，及び大学，シンクタンク，職業訓練機関，行政などの教育・研究・技術支援の諸組織を含んでいる（原田［2009］。産業ク

ラスターの概念からわかるように，産業クラスターの構成要素は企業，機関等の組織であって，個人はクラスターの構成要素ではなく，あくまで機関に所属する個人の位置づけとなる。

　個人，企業群または機関群とクラスターとの関係を見ると，企業と機関は個人を包括し，その上クラスターは企業と機関を包括している。つまりクラスターは企業と機関を経由して個人に関わるという間接的な関係となっている。しかし，個人にとっては，産業クラスターがポーターの定義を大きく超える可能性を持っていると考えられる。産業クラスターでは，個人の生活場所と職場が同一所在地にあり，自分自身の社会的行為の大半がクラスターの中で完結する。個人は，クラスターの中の複数の機関または企業と関わる中で自己成長とキャリア・アップを図っていく。例えば，クラスター内部の教育機関で教育を受けて一定の技術を習得し，クラスターの中の企業群に就職したり転職したりすることがある。このような場合，1つの企業に対しての帰属意識がなくても，同じクラスターにとどまることでのクラスターへの帰属意識が生まれるものと思われる。

　先行研究を踏まえてクラスターに対する帰属意識を具体的に取り上げる。帰属とは自己明示的な社会関係の要求に自らから結びつけることである（カンター（Kanter [1968]，[1972]）。会社への帰属意識に関する初期の研究では，帰属を単一次元的な概念として取り上げたが，その後，研究が進むにつれて，帰属意識を多次元的な概念として取り上げることが一般的となった。例えば，マイヤーとアラン（Meyer & Allen [1991]）の研究では，帰属意識は情緒的帰属，規範的帰属と存続的帰属の3つに分類されている。一方，カンターの理論では，本来コミュニティへの帰属を対象として，コミュニティのために力を尽くしたり，忠誠心を示したりするための意欲としている。先述した会社とクラスターに対する帰属意識の相違点から考えて，カンターのコミュニティへの帰属理論を参考にクラスターへの帰属を分析することは合理的である。

140

図表4-1 帰属意識の構成次元と強化メカニズム

帰属意識の構成次元	強化メカニズム	
道具的帰属	犠牲（対価を払う）	投資（利権が増加）
情緒的帰属	放棄（競争を避ける）	交流（有意義な相互作用）
道徳的帰属	抑制（支配に服従）	委任（同一化）

出所：Kanter［1968］

2.1　道具的帰属

　カンター（Kanter）の理論では，道具的帰属，情緒的帰属と道徳的帰属の３つが提示されている（**図表4-1**）。道具的帰属とは，社会的交換関係をベースとしているもので，クラスターの成員として得られる物理的利益のことである。例えば，クラスターの一員として仕事をすることで，その代価として物的生活レベルが保障され，生活必要品が購入でき，各種サービスを享受すること等である。道具的帰属は犠牲と投資の２種類のメカニズムによって上昇する。犠牲メカニズムによって成員性（クラスターの一員としての価値）は，よりコストの高いものとなり，個人にとってクラスターの重要性も高くなる。例えば，個人がクラスターに属すると，さらに成長可能な別の機会があっても諦めなければならない等，あるクラスターに帰属することで，その対価として別の機会を喪失することがある。また，投資メカニズム，つまり，投資すればするほど個人の得られる利益と権限の増加にもつながるため，自分の時間と労力をクラスターの発展に貢献する中で，個人のクラスターに対する投資も増加することとなり，その見返りして個人が得られる利権も増加する。

2.2　情緒的帰属

　情緒的帰属とは，クラスターと個人を結びつけるためのポジティブな感情及びその他の成員との関わり合いから生じる満足感のことであり，放棄と交流メカニズムによって意識が増加する。放棄メカニズムの元で，成員は競争

的付属関係を放棄し，交流メカニズムではクラスター集合体と有意義なコミュニケーションを促進する。情緒的帰属は感情的に帰属することによって，他者との悪性競争を避けながらクラスターへの一体感を高めることとなる。クラスターに対する情緒的帰属の意識が高い人ほど，同業他者との直接的な競争をできるだけ避けようとして共栄共存の関係を築こうとする。また情緒的帰属が高い時には，知人・友人だけでなく，クラスターにいるすべての人との結びつきにより個人が満足する可能性が高い。他者との積極的な交流は利益に基づくものではなく，好き，楽しい，うれしい等のポジティブな感情を表すものである。

2.3　道徳的帰属

　最後に，道徳的帰属とは，自己価値や自尊心及びクラスターへの誇りとクラスターの価値への共感を与える評価的志向性のことである。道徳的帰属は抑制メカニズムと委任メカニズムによって意識が増減する。抑制メカニズムにより，個人は自分の権利や主張を抑えて，クラスターの価値観の支配に従う。一方，委任メカニズムではクラスターに対する個人の同一化を高めることが可能である。手作り産業の場合，親方と弟子の関係のあり方，ギルドの慣例等，手作りクラスター独自の風習は数多くあるが，個人はこれらの風習をすべて遵守しなければならない。異なる考えを持っていてもそれを抑制してクラスターの風習に従うということは，クラスターに対する道徳的帰属が高いことを示している。また，タジフェルとターナーの社会的アイデンティティ理論（Tajfel & Turner [1986]）を踏まえて考えれば，クラスターに同一化するということは，クラスターという社会的カテゴリーに自分が所属することを強く意識し，クラスターに属する人々を内集団成員として捉える一方で，クラスターに属しない人々を外集団成員として捉えることになる。個人は内集団成員と同じ価値観や信念を持っていると信じて，内集団成員をよりポジティブに評価する一方で，外集団成員に対しては，よりネガティブな評価をする傾向となる。クラスターに対する道徳的帰属の高い人は，何かの

理由でクラスターから離れると，自己効力感と自尊心が低下することが予測される。

2.4　三次元構成

　クラスターに対する帰属意識を道具的帰属，情緒的帰属，道徳的帰属の3つの構成次元に分けているが，この理由は以下の3点である。第一に，クラスターに帰属することは，会社に帰属すると同様に，複雑な心理的プロセスを反映していることから，単次元の概念ではなく，複数の次元から捉えることが合理的である。さらに，3つの帰属の下位次元では，それぞれ認知的，感情的，評価的な側面より帰属意識を捉えることができる。道具的帰属は認知，情緒的帰属は感情，道徳的帰属は評価的側面として表すことが可能となる。第二に，多次元的概念として捉えることにより，クラスターに対する帰属意識をある特定次元の程度の高低で表すことができる。例えば，クラスターに対する道具的帰属の高い人は，クラスターの成員としての物理的利益を獲得することが可能となり，クラスターへの帰属意識が高くなる。しかし，情緒的帰属と道徳的帰属が同様に高いとは限らない。情緒的帰属と道徳的帰属意識が低くても，道具的帰属のみ高いという人も存在する。クラスターに対する帰属意識を分析する時には，この3つの次元がそれぞれどのようなレベルにあるかをすべて把握しておく必要がある。

　第三に，重要な特徴として，クラスターに対する帰属意識の3つの構成次元がそれぞれ概念として独立する一方で，緊密な相互関係を持っていることがある。産業クラスター論によると，クラスターによる優位性のほとんどは社会的関係性という要素を含んでおり，クラスターに属することによって生じる，企業の一体感，コミュニティ感覚，市民としての責任が，そのまま経済的価値につながる（原田［2009］）。この議論と関連付けて考えれば，企業の一体感，コミュニティ感覚，市民としての責任感がクラスターに対する情緒的帰属と道徳的帰属をもたらし，クラスターのためにより貢献しようとする気持ちが増加する。努力が実れば，経済的価値が上昇し，クラスターに対

する道具的帰属の意識増加につながる。このように3つの構成次元は密接に関係しており，すべての次元において帰属意識の高い人も存在する可能性がある。

3 外在的要因

クラスターへの帰属要因については，まず外在的要因から考えてみたい。ここでの外在的要因は，血縁，地縁，学縁などの社会関係の形成状態としての影響要因のことを指している。これら個人を取り巻く社会関係の主要な部分は，クラスターへの帰属要因に影響を及ぼしている可能性が高いと考えられる。

3.1 血縁（婚姻）関係

まず，血縁（婚姻）関係の影響可能性について検討する。夫婦関係，親子関係，兄弟姉妹関係は基本的な家族関係であるが，この血縁（婚姻）関係の社会組織の中に，代々引き継がれた技術を維持継続しながら発展させることができれば，クラスターの中に一族としての高いステータスを構築することが可能となる。クラスターの中での婚姻による新たな家族が誕生すれば，新たな成員として迎えられ，クラスターが次世代に継続する可能性の誕生となる。そして，親が複数の子に技術を伝承する場合に各々に異なる技術を伝えることで家庭内抗争を避けながら自分の一族の勢力を拡大することができる。歴史の長い一族となれば，クラスターにおける社会的影響力は大きく，社会的関係もより複雑かつ広範で，一族の絆も強固なものとなる。このように数世代に渡って同じクラスターで営み続ける家族では，家族内の絆の延長がそのままクラスターへの帰属につながっているのである。これは，個人が血縁・婚姻のつながりを経由して，結果的にクラスターに対する帰属意識が強くなっていることを表している。また，勢力の高い一族では，クラスターに

おける既得権も多いため，金銭的，経済的な利益に関連することとなり道具的帰属にもつながることとなる。そして一族に対する絆と感情的なつながりがクラスターに対する情緒的帰属に関連するだけでなく，一族の価値観と信念がクラスターの価値観や信念と相まってクラスターに対する道徳的帰属に関連づけられることとなる。

3.2　地縁関係

　次に，2つ目の地縁の影響可能性を考察する。地縁には，いくつかのパターンがあるが，同じ地域や共同体のような，近隣に住んでいることによる地縁関係が一般的である。クラスターの中には，たくさんのコミュニティが存在しており，これらのコミュニティに属する人がコミュニティを経由して，クラスターに対する帰属意識でつながっていることがある。さらに地縁は，現在住む地域の共同体だけではなく，同じ出身地であるという同郷意識の影響も受けている。同じ出身地から来ているというだけで，親しみを感じたり，特別な相互信頼関係が生まれたりすることは日常的によくある。また，クラスターの中でも，クラスターにいる原住民と他の地域から移住してきた新しい住民との間には，それぞれ異なるコミュニティ集団が形成されることが多い。特定の地域から多くの移民が集まると，それぞれ出身地によって派閥が形成されることがあるが，このような派閥も地縁関係の1つと言えるだろう。このように，近隣地域の集合体，または同じ出身地の集団等の地縁関係を媒介としたときのクラスターに対する帰属意識は高くなっている可能性がある。一体感と信頼関係は情緒的帰属に影響し，共同体と出身地の地縁関係が深くて実際に利益につながる場合には道具的帰属に影響する。また，コミュニティの価値観と信念が同一化すると，クラスターに対する道徳的帰属に影響するものと考えられる。

3.3　学縁関係

　最後に，学縁関係について考えてみる。同じ親方の元で学ぶ弟子同士とい

う関係以外にも，同じ学校の卒業生，同級生，先輩または後輩の関係，つまり学閥的な関係も大きく影響をもたらす。職業学校や4年制大学では，教育プログラムや実技体験で専門技術を学ぶだけでなく，同じ組織社会化のプロセスも経験する。一緒に同じ釜の飯を食べて学んだ経験は個人間のつながりを強くする一方で，この期間に形成された個人とクラスターとの関係も緊密なものとなる。このように，同じ親方の元で訓練を受けてきたことや，同じ大学の出身であるというだけでも，共通意識や親近感を持つ。先輩が後輩を助けたり，同じ大学の出身者同士でコミュニティをまとめたりする中で，同じ学閥の出身者がある分野をコントロールして利益を得るようになれば，道具的帰属が高くなる可能性がある。また，先述した親近感と親しみの感情から情緒的帰属が生まれ，同じ組織社会化のプロセスを経験することで類似した価値観を持つため，クラスターに対する道徳的帰属意識が高まることが予想される。

　以上の理論的分析のように，社会関係としての血縁（婚姻），地縁，学縁のあり方は，ともに社会的関係を通してクラスターに対する帰属意識に寄与する可能性を持っている。なお，このような影響要因は，個人の中ではなく主に外部環境に由来するとの意味で外在的要因として扱うこととする。

4 ｜ 内在的要因

　ここで取り上げる内在的要因とは，個人の自己アイデンティティに対するとらえ方のことを指している。アイデンティティに対するとらえ方は個人の内面を反映し，クラスターに対する帰属要因にも影響を及ぼすと考えられる。具体的には，2つのアイデンティティ関連の理論に基づいて検討する。

4.1　役割アイデンティティ

　第一に，アイデンティティ理論に関連する個人の役割アイデンティティに

関する認識である。アイデンティティとは個人が自己の役割に付与した共通の社会的意味のことである（Burke & Reitzes [1981]）。バークとレーセス（Burke & Reizes [1981]）によると，アイデンティティは3つの異なる特徴を持っている。まず，アイデンティティは一連のプロセスを経て形成，維持及び確立された社会的産物である。これらのプロセスには主に，①社会的カテゴリーに自分の名前を関連づけるか，または自己を位置づけること，②同じカテゴリーの他者との相互作用を行うこと，③社会的カテゴリーの意味と行動的意味に関する交渉と確認のために自己表現に取り組むこと，の3つが含まれている。第二にアイデンティティは特定の状況において，対応する逆の役割との類似性及び相違点に基づいて得られる自己に対する意味付けである。第三に，アイデンティティはシンボリックなものであり，他者と同様の反応を個人の中に呼び起こそうとする。そして，アイデンティティは反射的である。個人は自己のアイデンティティを参考物として自分の行動及び他者の行動の意味を評価することが可能である。

　次にクラスターにおけるアイデンティティを考える。一般的に，生活や仕事のさまざまな活動場面で個人が役割を果たすときに，相互に結びついた役割の影響を受けて，しばしば葛藤が起こるが，複数の役割によって構成されている複数の自己イメージのすべてが個人のアイデンティティを構成している。例えば，職人としてのアイデンティティの場合，自分の技に対するこだわり，理想的なスキルのあり方等を持っているはずであるが，これらがきちんと成熟していれば，自分が職人としての役割アイデンティティを果たしていると自覚する。このように，自分の役割のアイデンティティを果たせれば果たすほど，自己アイデンティティに対する認識も高まり，結果的にその役割を果たす外的環境に対する帰属意識も高まると考えられる。

4.2　社会的アイデンティティ

　第二に，社会的アイデンティティ理論では，個人が持つさまざまなアイデンティティには，状況によって喚起されるような状況依存的なアイデンティ

ティと潜在的に個人が深層部に持っているアイデンティティの異なるレベルのアイデンティティが存在すると言われている。職人として高い評価を受けることで，自己の職人というアイデンティティの重要性が増して意味付けが強くなり，自己のアイデンティティにおけるコア部分を占める割合が一段と増加する。さらに，個人が深層部分に持っているアイデンティティは，状況の変化があっても基本的に変わらない。クラスターの一員としてのアイデンティティが個人の深層レベルで確立されていれば，クラスターに対しての帰属意識は高くなると思われる。クラスターに所属すること自体が個人と切り離せなくなれば，自分イコールクラスターの一部として自己アイデンティティを捉えている状態となる。この場合，道具的帰属よりも情緒的帰属と道徳的帰属とに強く関連づけられるものと考えられる。

5 ┃ 内外要因の相互作用

　第3節及び第4節では外在要因と内在要因について，それぞれを単独で考察したが，本節では内在要因と外在要因の相互作用がもたらす帰属意識への影響を考察する。内在的要因，外在的要因及び内外要因の相互作用が帰属意識に及ぼす影響を**図表4－2**のように示す。

　外在的要因である血縁関係が強い場合として，多くの親族が1つのクラスターに所属していて，幼少からクラスター内部で一緒に生活しているケースがあげられる。血のつながりでクラスターとの結びつきが強くなっているだけでなく，クラスターにおける職人としてのアイデンティティが強くなることで，相乗効果も加わり，クラスターに対する帰属意識が高い状態にあると予測される。具体的には，情緒的帰属と道徳的帰属の意識が高い状態である。このように職人としてのアイデンティティの自覚は，血縁関係によって結びつけられた親族との相互作用の中で，ますます強固なものとなる。クラスター内の親族に支えられながら，一人前の職人としてやっていくことへの自尊

図表4-2 クラスターへの帰属意識の影響要因の理論的枠組み

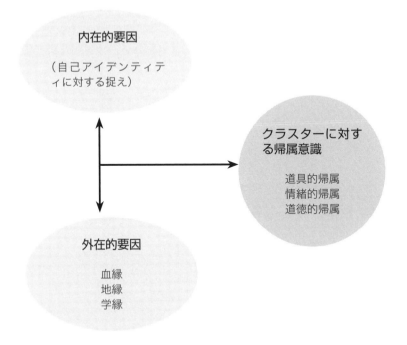

心が強くなる。その結果，クラスターに対してよりポジティブな感情を抱くこととなり，クラスターの中で共有された価値観に対しても共感を覚えることとなり，道徳的帰属が強くなるものと思われる。

　地縁関係がある場合，アイデンティティとの相互作用により，帰属意識が強くなる可能性があると考えられる。地縁関係が強いとは，生活の中で近隣とのコミュニティの内における人間関係が緊密であり，高い助け合いの精神が要求される状態を指している。この状態において，クラスターにおける職人としてのアイデンティティが強いと，地縁関係との相乗効果が加わりクラスターに対する帰属意識が高くなる。具体的には，道具的帰属，情緒的帰属と道徳的帰属がともに増加することが予想される。地縁関係で結びつけられ

ている集団は，社会的人間関係と友情の結びつき以外にも，相互の利益関係の交換が重視される傾向がある。小集団が形成されるなかで協力精神が発達し，情緒的帰属と道徳的帰属だけではなく道具的帰属の意識が形成される。地縁関係のあるコミュニティから離れてしまうと，得られる物理的，金銭的利益が減少するおそれがあり，同時にクラスターにおける道具的帰属も低下するものと思われる。

　最後に，上記と同様，学縁関係にも強いつながりがある場合，クラスターにおけるアイデンティティとの相互作用が加わることにより，クラスターに対する帰属意識が強くなることが予想される。学縁関係が強いとは，学生時代のつながりや同じ大学の出身との共同認識に基づく強い仲間意識を持つ関係を指す。学生時代の人間関係は社会人ほどの複雑な利害関係は持っておらず，金銭的な目的で集団が形成されることは稀である。学生同士のネットワークは，共通の知的好奇心，楽しい学校生活，類似の世界観と価値観の育成を中心に構築されている。このネットワークが強いほどクラスターにおける学生同士の絆も強くなる。一緒に学んだ経験を共有しながら，クラスターへの所属をスタート地点として成長したいという欲求を持っており，それが満たされていく中で，クラスターに対する帰属意識が増加し，クラスターでの成長過程で個人としてのアイデンティティが少しずつ構築される。個人のアイデンティティ確立と，培った学縁の絆との相互作用を受けて，クラスターに対する情緒的帰属と道徳的帰属意識は高くなるものと予想される。しかし，学縁関係を血縁と地縁とを比較すると，時間の経過により緊密の関係は弱くなるものと考えられる。長い期間を経ても個人に強い影響を及ぼす学縁関係は限られた一部の関係のみになると想定される。

6 ｜ 方法：現代の景徳鎮職人

　上記のようなクラスターへの帰属意識の実態と帰属意識に対する影響要因

を検証するために，手作り型産業クラスターとして有名な景徳鎮陶磁器クラスターの職人に対しての調査を行った。筆者の景徳鎮への訪問は，2011年1月，2012年2月と2013年10月の計3回である。最初に，2011年1月には科研で共同研究をしている5人の研究チームで景徳鎮古窯民俗博覧区，景徳鎮陶磁博物館，景徳鎮民窯博物館（以前の湖田窯古瓷遺址）を見学して，景徳鎮陶瓷学院の教員3名に話を聞くことができた。この調査では景徳鎮陶磁器クラスターの現状を把握することに努めた。2012年2月には，筆者は約2週間景徳鎮に滞在して，陶磁器クラスターを訪問し，職人を対象とした半構造化インタビューを実施した。本章の実証研究の多くは，この時に行われた半構造化インタビューの内容に基づいている。2013年10月には，再度，科研の研究チームで一緒に景徳鎮の国際陶磁博覧会を見学した。

6.1　景徳鎮概要

　景徳鎮は世界有数の陶磁器の産地であり，中国では「磁都」として知られている。中国江西省にある川「昌江」の南側に位置することから，旧名は「昌南鎮」と呼ばれており，この「昌南」の発音が英語で磁器を表す「china」の発音の由来と言われている。北宋の景徳年間（1004～1007），当時の皇帝は磁器の底に「景徳年製」と年号を書き入れ，昌南鎮から「景徳鎮」と改名した。宋代には，歴史的価値の高い青磁器と白磁器だけでなく，後世に大きな影響を及ぼした青白磁器の製造技法が開発された。さらに，元代になると，磁器製造技術がさらに向上して，青花や瑠璃釉磁，紅釉磁等の景徳鎮窯を代表する磁器が作られるようになった。この元，明，清の時代には，皇帝や宮廷専用のための官窯と一般大衆が使う磁器を製造するための民窯が存在した。知名度が上がるにつれて，中国国内だけでなく海外に輸出されるようになり，特にヨーロッパでは，高い評価を受けた景徳鎮磁器が宝石や金並みの値段で取り引きされた。需要の増加に伴い，官窯のみでの生産では追いつかなくなり，一部の注文を民窯に製造を委託するようになった。この時期，これまで官窯だけが持っていた優秀な磁器原材料や工芸技術が民窯

にも流出して，民窯の製造技術が大幅に向上した。官窯の技術が民間に伝承される中で，技術レベルと共に民窯における職人数も増加して産業が発達していった（大木［2014］）。

　日本の陶芸家は土探しから色付けまで一貫して完成させることが多いが，中国では原材料の採掘から焼成，窯出しに至る各製造工程が細分化されており，分業により生産されている。明代の『天工開物』（1637年）によれば，明末に採掘から窯焚きまでの作業工程は72に分割されていたそうである[1]。例えば，成形工程には2段階あって，ろくろ成形の後に削り成形が行われる。「紙の如く薄い」ことが景徳鎮の陶磁器の特徴であるが，薄作りの造形をする上で，この削り成形作業は重要な工程の1つである。また，文様の絵付けにおいては文様の題材別に行われるだけでなく，輪郭線，主文様，従文様，顔料塗りなどの工程に分かれている。文様の絵付けを習いたいとしても，すぐには教えてもらえない。簡単な輪郭をひたすら描く作業をこなし，技術が認められた後に，初めて複雑な輪郭線を描く練習が許可される。作業工程は厳格に分割されているため，上級レベルの職人でも，ある特定の技術には熟練しているがすべての工程を俯瞰できるような職人はなかなか存在しないという特徴がある。

　このような分業体制の元で，陶磁器は「伝統工芸美術」として位置づけられ，景徳鎮で古い文様の倣古品（デザイン，素材から製法などを伝統的な手法で再現して作られる製品）が多く製造され，販売されてきた。多くの顧客も倣古品を求めるために景徳鎮に訪れている。このような環境下では，職人に新たなものを創造することが求められず，自ずと古い技術を覚えることにエネルギーを費やされることとなる。同じ近隣地からまとまった人数が集まって同郷者の集団が形成されている。この同郷集団と分業制度との関連性は高く，特定の工程の仕事が同郷集団によってコントロールされる状況となっている。

6.2 新中国体制下の景徳鎮

　新中国が成立した後，それまでの個人所有の工房が廃止され，10社の国有工場が新たに設立された。個人窯業で働いた職人たちは，その工場の従業員となった。窯業の所有主，または元親方は工場で一定職位以上の管理職や親方として採用され，一人の親方には数十人の従業員が部下として配属され，技術を教育する立場になった。工場設立をきっかけに，現場では手作り作業の多くが廃止されて機械化や半機械化が推進された。しかし，政府主導の経営体制を持つ国有企業は，市場のニーズに対応できず，90年代に入ってから事実上工場の解散に追い込まれてしまった。その後，小規模な分業体制による手作業工房が再び復興して少しずつ繁盛するようになってきた。このような工房では，近隣地域の出身者を職人として雇い入れて製造を行い，景徳鎮の地元出身者は工房の場所を貸して家賃収入を得るという仕組みができてきた。しかし，著作権に対する意識が低いことから，新製品が出ると，短期間で劣悪な模倣品が作られて市場に出回ることとなり，必然的に職人も新たなデザインや製品に挑戦するモチベーションが低下していった。

　余［2004］によると，現代景徳鎮の陶芸は，創作理念に基づいて3つのパターンに分けることができる。第一に，伝統的な風格をそのまま保留し，伝統的な陶芸美術品の表現方法でパーフェクトな芸術品を求めること。このパターンの職人は主に年配の方で，優れた伝統的な技術を持っている一方で，時代の変遷とともに現代の特徴を反映できる作品も作ることができる。第二に，伝統的な作品と現代の作品との融合により伝統的陶芸技術と実用的な風格を変化させることで，作家個人の価値観と美意識を表現する作風である。このパターンの職人は新中国成立後に生まれたもので，伝統的な中国文化を受け継ぐと同時に，西洋の現代アートの影響も深く受けている。第三に，伝統の束縛から脱出し，純粋に現代芸術の創意工夫を凝らした作品である。このパターンの職人は精神面でも伝統的な文化から離脱しており，主に西洋の影響を受けており，独立意識も強く，個性を表現しようとするモチベーションも高い。

6.3 職人の育成

　現在の景徳鎮における主な職人育成方法は次の３つである。(1)家庭での伝承，(2)師弟関係による伝承，(3)現代陶磁器学校で勉強する（高［2010］）。

6.3.1 家族伝承

　家族による伝承方法の場合，親が先生となり子供に教育する。子供は親の技術をさらに発展させようとする。家族伝承の場合，古くは息子だけに伝承された。娘はいずれ他人に嫁ぐことから教えなかったのである。現在は男女問わず教えることが多くなっているようである。いずれにしても，一人前の陶磁器職人になるためには，長年の歳月をかけてじっくりと技術を磨いて，多くの苦難を乗り越えなければ一人前になれないため，親の世代の事業を継承したくない人も増えているという。また，特定の家族しか持っていない技法は「家宝」として重宝され，家族以外の人間に伝えることはほとんどない。伝承方法が閉鎖的なために技術発展を担うのが家族に限られており，優れた技術を世の中に広く伝えることができないことから，後継人が減ってきており，家宝並みの技術・技法は失われつつあるという（高［2010］）。

6.3.2 師弟継承

　一方，師弟関係の場合，知人の紹介や同じ出身地の同郷者を弟子として，日々の仕事の手伝いをさせながら，弟子自らが技能を習得していくケースが多い。しかも，「弟子が一人前になると師匠が餓死する」という古い諺が存在するように，師弟関係を結んでも，師匠が知っているすべての技術を主導的に弟子に教えることはなく，肝心な技術は秘密にしておくことが多いと言われている。そのため，弟子は自らの努力で新たな技術を勉強するしか方法がない。時には，他人の作業を盗み見て習得することもある。通常，弟子は学費を支払う必要がなく，親方のために働くことを要求される。師弟関係の場合，家族伝承より育成の範囲は広いが，それでも一般的には，親戚・知人の紹介が必要でありまったく縁のない他人を弟子として受け入れることは少

ないという。

6.3.3　学校教育

　最後に，現代の陶磁器学校には，職業学校と大学で陶磁器を専門とする学科がある。職業学校では陶磁器製造のスキルを教えることを専門としている。大学では実践的な製法も含めて，理論的な知識を中心に教育する。家庭式と師弟関係による教育では陶磁器製造のすべての工程を経験することは難しいが，学校教育であれば成形，絵付け，焼き付けなど一連の工程を経験することが可能である。しかも，専門の教材を使用しており，肝心の技術も秘密にされることはなく，オープンな教育が行われている。大学教育では実践よりも理論重視の教育が行われているが，これについては，疑問視される向きもあり，より実践的な人材育成が必要ではないかとの批判の声も出ている。

　本章では，上記のような職人の育成方法に代表される，家族伝承，徒弟制度と現代の学校教育によって教育を受けた職人を対象に，半構造化インタビュー調査を行った。最終的に本研究では，家族伝承2名，徒弟制度3名と現代学校教育の2名を調査対象として取り上げた。クラスターに対する帰属意識，クラスターにおける社会的関係，さらに個人のアイデンティティの自己認識に関連するように質問事項を大まかに設定し，対象者との会話による聞き取り調査を行った。

7 ｜ 調査内容

　家族伝承の職人の対象は四代目A氏と二代目のB氏の2名である。A氏への最初のインタビューでは，所属する博物館を見学した時に，景徳鎮民窯の発展の経緯についての説明を受けた。その後，数回にわたり，個人の生い立ちや考え方，景徳鎮に対しての思いなど，関連項目に沿った質疑応答を行っている。B氏は海外研究協力者である日本人陶芸家から紹介を受けた人物

である。自宅・工房の見学と関連する内容の質疑応答を行い，さらにＢ氏が経営している店舗を見学した。

徒弟制度の職人への調査としては，樊家井という中心街に近い倣古磁器を作成する集積地で働く職人３名を対象とした。樊家井には，工房付きの店舗，店舗のみ，工房のみの三パターンが存在する。地元出身者は少なく，近隣地域から移住してきた人々が大半である。また，近年倣古磁器集積地としての知名度が高くなったことと，中心街に近いという理由もあって訪れる観光客も増加している。４日間の調査では，各工房を見学した時に，先に無記名での簡単な調査を行い，改めて調査に協力してくれそうな職人３名を選択して本調査の対象とした。Ｃ氏，Ｄ氏，Ｅ氏の３名はそれぞれ20代，40代，50代の職人である。

また，本調査で取り上げた学校出身者である職人は「楽天陶社」という華僑関係の会社が週一度主催している陶磁器市場に出店する若手の職人である。この陶磁器市場では，地元陶瓷学院の在学生や卒業生などの若手職人が出店することが多い。出店時には毎月写真を付けて申請表を送るが，毎回新しい作品を出品し続けないと落選する可能性がある。コップや皿以外の陶器としては，新たなアイデアを取り入れた斬新なデザインの磁器マグネット，ネックレス，指輪，ティッシュ箱，室内装飾品などさまざまな小物品が販売されている。週に一回しか開催されないため，開催日である土曜日に二度ほど訪問し，出店の若手職人からの話をいくつか聞いた後で，今回の調査に協力してくれる２名の方を対象者として絞った。女性のＦ氏は卒業後１年目，男性Ｇ氏は卒業後２年目で，二人とも20代である。

7.1 家族伝承者の事例

Ａ氏一族は代々より陶磁器作りに打ち込んでいる地元の名門である。陶磁器民窯博物館の副館長もされており，一族では四代目の職人である。90年代の国有工場解散により，陶磁器の製造は再び自由化された。市政府は，陶磁器の歴史と文化を守り，今後のさらなる陶磁業界の発展のために三世代以

上陶磁器の製造に携わっている特に優れた24の家系に「陶磁世家」という名誉称号を授与した。A氏一族は景徳鎮陶磁器代表の1つである顔色釉を得意とする。A氏は13歳の時から陶磁器の勉強を始めた。父親の指導の下で他の子供と一緒に厳しく育てられた。この時，絵や書道，成形技術等も各専門家より指導を受けている。家庭教育と他の専門職人の指導の下で，基礎からの技術を伝授された。彼は中国の伝統的な文化にこだわることなく，積極的に海外の芸術的な要素を作品に取り入れることを好む。例えば，アフリカの人形の顔の一部を花瓶に取り入れて，それまでの景徳鎮陶磁器にはない創造的な作品を作ったこともある。作品の中に模倣的な要素と現代的で国際的な要素を融合させることによって，独自のオリジナリティを追求している。A氏の先鋭的な作品は，海外からも注目されており，現代の景徳鎮を代表する中堅職人の一人として日本のテレビ番組でも紹介されたことがある。

　B氏は景徳鎮陶瓷学院で教鞭を執る教員である。90年代後期に地元の景徳鎮高等専科学院の陶磁デザイン専攻を首席で卒業して，日本の国立大学で大学院の美術教育修士を取得した後，東京芸術大学大学院の文化財保存学博士学位を取得している。また，江西省無形文化財である景徳鎮顔色釉焼成工芸代表伝承人の称号も授与されている。B氏は父親とともに，出身地の吉州付近の古い磁器の模倣品の焼き付けに成功し，失われつつある古い文化の保存に貢献しているとして高く評価されている。日本，ヨーロッパ等で積極的に自分の作品を出展するなど，海外進出にも意欲的である。特に日本に留学して学位を取得していることもあり日本とのつながりも深く，年数回のペースで，日本での個展やグループ展に参加している。B氏は工芸美術店の経営にも積極的で，地元で新たに開発された陶磁器美術品の専門店街にもオーナーとして出店しており，卒業生や友人に日常の運営を任せている。

7.2　師弟継承者の事例

　20代の職人C氏は，親戚の紹介で近隣地域から景徳鎮に来て職人となった女性である。絵が好きなこともあり，陶磁器の絵付けを中心に親方から学

んでいるところである。しかし，まだ景徳鎮に来て日が浅いため，簡単な輪郭線くらいしか絵付けをさせてもらえない。日頃は一人で練習することも多く，親方に直接教えてもらうことは少ない。絵画の基礎知識は持っていて主文様や従文様，顔料塗り等にも興味があるが，まだ当分先のことのようである。しかし，C氏はこのまま諦めるつもりはなく，親方に認められるまではもっと頑張りたいという意欲を強く持っている。性格はやや内向的であり，友達もあまりいないため，このまま景徳鎮でうまくやっていけるか，少し不安を抱えているようである。

　40代の職人D氏は国有工場の時代に親方について釉薬付けの技術を学んでいたが，90年代の工場解散の後，一時は専門学校の先生をやっていた。しかし，望む給料がもらえなかったこともあり教員を辞めている。そして，親戚などから資金を工面し，何とか独立して個人の工房を持つことができ，今に至っている。中国伝統的な神仏のデザインや毛沢東等の彫刻品が店舗の中に並んでいた。自宅付近の工房に窯を持っていて，店舗の商品は主に中型の彫刻品を販売している。市場調査を行ったことはないが，店舗で売れ行きの良いデザインの商品があれば，その様式の商品を多く製造することを心掛けている。インターネットで必要な素材を調べて，それぞれの様式を組み合わせることで，ほかの店舗にない商品を作ることができるという。

　50代の職人E氏は小さい時から陶磁器の絵付けを勉強し，親方について技術を習得した。同期は20人ほどいたため，親方から直接を教えてもらった機会はあまり多くない。しかし，親方の目を盗んで技術を学びながら，独特の技法を身につけた。国有工場時代には，若手職人として技術が特に優れた一人として将来を有望視されていた。しかし，国有工場の解散後，一時期無職となった。工場時代の同期の多くは資金を調達することができて独立しているが，E氏は独立する資本がなかったため，いくつかの工房を渡り歩いた。調査の時には樊家井集積地の入口に近い家族経営の工房で働いていた。E氏は倣古磁器の絵付け技術の熟練度が高いこともあり，暮らしに困らない程度の報酬を受け取ることができた。絵付け職人の仕事は長時間の集中力が要求

されるが，近年視力の衰えを感じ始めており，できればもう少し気楽な仕事がしたいと考えている。しかし，娘の大学の学費や生活費等の経済的なプレッシャーもあるため，絵付け師職人を継続している。

7.3 学校出身者の事例

　地元の陶瓷学院を卒業して間もないF氏とG氏によると，同級生のほとんどは景徳鎮から離れて，沿岸地域の陶磁器関係の企業に就職しており，中には陶磁器とは関係のない仕事に就いた者もいるそうである。しかし，彼ら二人は景徳鎮の町と陶磁器文化が好きなこともあり，卒業後も景徳鎮に残ろうと決めたという。F氏は先輩のネットワークより引き継いだ技術等を生かしながら，自分で考えたアイデアで風鈴，名刺入れ，ティッシュ箱などの陶磁器作品を作っている。出店が決まった月の彼女の収入は，普通の地元サラリーマンの収入を軽く上回る。しかし，楽天陶社での出店に落選することもあり，毎月新しい作品を作るために新たなアイデアとデザインを考案しなくてはならない。同じ場所で出店する他の若手職人の作品を参考にすることもあるが，日常生活の中で，陶磁器で作れば便利になるものはないかとアイデアをいつも考えながら，新しい作品に挑戦している。

　最後のG氏は特に意欲的な男性である。陶瓷学院在学中に，大学が日本からの専門家を招いて薪窯を作った時に，彼はボランティアの学生として同プロジェクトに参加した。その時の経験が刺激的だったことがきっかけとなり，自分自身の柴窯を持とうと決心した。そして，卒業をきっかけに郊外の場所を借りて柴窯を作ることに成功した。現在は定期的に自分と友人の作品を窯で焼いて，週末に開催される楽天陶社で作品を販売している。陶瓷学院の日本人客員教授は「茶碗等の完成度はかなり高い。成形等にもっと力を入れるとさらに良い作品になる」と彼の作品を評価した。現在，彼は友人数名と共同で窯の経営をしている。景徳鎮では環境保護の意識が高まってきており，ガス窯と電気釜の普及に伴い柴窯の数が非常に減少しているが，彼は自分の力で一から作り上げた窯で独自の作品を作ることにこだわりながら，毎

日創意工夫を重ねている。

8 事例分析

8.1 景徳鎮陶磁器クラスターに対する帰属意識

　景徳鎮の職人であるA氏にとって，尊敬する職人であり，最も影響を受けたのは自分の父親である。幼少時より父親から絵付けを学んでいたが，同時に，父親と同世代の他の親族からも指導を受けている。大人になってからは，絵画など異なるジャンルの専門家からもさまざまなことを学んでいる。彼の場合は，陶芸一家であったため，幼少時から日常的に，景徳鎮の陶磁器に深く親しんでおり，陶磁器のある環境が，そのまま自分自身の生活となっている。

8.1.1　A氏の帰属意識

　さまざまな発言から，A氏には景徳鎮に対する深い情緒的帰属と道徳的帰属が感じられた。陶芸名門の4代目として家系が持つ歴史に誇りを感じており，それが景徳鎮の陶磁器クラスターに対する情緒的帰属に関連づけられているように思われる。A氏は次のように考えている。技術が発達して過去の景徳鎮よりも優れた陶磁器が製造できるようになった。安定性，外観などは昔よりもずいぶんと改善されて，その進歩が工芸技術の発展を支えている。中国では，伝統的な磁器の文様を好む一般市民が多く，景徳鎮のような伝統的陶磁を製造する手作り型集積地の生存空間はまだまだ必要とされている。世界文化遺産ではないが，世界各地での知名度は高いことから，景徳鎮にあこがれている人も多く，まさに証書のいらない「世界遺産」と言っても良い。陶磁器を心から愛している人がたくさんいるからこそ，景徳鎮の陶磁器文化が伝承されている。伝承されている文化には，産地としてのステータ

ス，知名度，希少価値の高い高嶺土，現代技術の発展，高度な技術を身につ
いている職人たちが含まれている。

　一方，道具的帰属が高いとは感じられなかった理由として２つの点がある。
一点目はＡ氏自身の作品作りに対する考え方である。以前，偶然に出来上
がった作品を高額で購入したいというドイツ人が現れた。しかし，その作品
は自分でも特に気に入っている作品であったため，結局先方の申し出を断っ
てしまった。副館長という公職を持っており，相応の安定した収入と作品販
売でも副収入のあるＡ氏が，金銭的な欲求にとらわれていないことがうか
がえる。また，実際，一度は景徳鎮を離れたことがあるという。沿岸地域に
も行ったことがあるが，やはり景徳鎮に戻ることに決めている。もちろん今
でも他の場所で展開したいという思いは残っている。しかし，彼は景徳鎮ク
ラスターを離れると自分の価値が下がることを十分に承知しており，景徳鎮
という場所が自分を表現するアイデンティティの一部となっていることがう
かがい知れる。もう一点は家族の歴史的な経験である。過去に自分の一族が
窯業を営んでいることに対して「資本家」とカテゴリーされて，一族が大変
な目にあったことがある。特に家計が裕福だったわけでもないのに，職人を
雇用して多少の資材を持っているというだけで多くの苦労を味わうことにな
った。この経験より，経済的に高い欲求を持つことに対しての警戒を持って
いると感じられた。

8.1.2　Ｂ氏の帰属意識

　もう一人の家族伝承の職人のＢ氏は，現在，陶瓷学院の准教授を務めて
いるが，父親も同じ陶瓷学院を教授で退官しており，景徳鎮の職人として二
代目に当たる。景徳鎮顔色釉焼成工芸代表伝承人として認定されていて，景
徳鎮に対しての義務と責任を十分に認識していることから，景徳鎮クラスタ
ーに対する情緒的帰属と道徳的帰属が共に高いレベルにあることが感じられ
た。ライフワークとして，父親と一緒に故郷の吉州窯の失われた伝統模様の
再現という大事業に挑戦している。積極的に自分たちの取り組みを世界に向

けて発信しながら，日本や米国等でも出展を重ねて，景徳鎮陶磁器クラスターの文化をより多くの人々に知ってもらうために尽力している。自宅兼工房は展示会場にもなっていて，父親と自分自身の創作作品が数多く展示されている。筆者の訪問時には，次の出展のための大きな甕（カメ）の作成に取り組んでいる真っ最中であった。

　一方で，大学教員として教鞭を執っており授業にも忙しいにもかかわらず，個人でも，卒業生等の関係者と一緒に店舗を経営しているという。職人でありながら，大学教員，商売人と複数の顔を持っており，日々忙しく過ごしている。地元で新規に開発された陶磁器ギャラリー街に店舗を構えながら，積極的に自らの作品を販売している。このことから，道具的帰属意識も高いレベルにあることがわかる。景徳鎮クラスターという世界的に知名度の高い場所に立地していることにより，経済的な利益の獲得につながっているケースである。

8.1.3　C氏の帰属意識

　若い職人であるC氏は親戚の紹介で現在の工房に入り，絵付けの手伝いをやっている。もともと絵が好きだったので，長時間ずっと座りっぱなしの仕事には苦痛を感じない。景徳鎮に来て間もないために経験も浅く，友達も多くないことから，仲間に対してポジティブな感情を抱くまでには至らず，景徳鎮クラスターに対する情緒的帰属意識につながるところまでは達していないようである。しかし，今後も景徳鎮で継続して働くことができれば，仲間も増えて，ポジティブな感情も高まり，クラスターに対する情緒的帰属意識も高くなることが期待できそうである。親戚の紹介で近隣地域から来たが，C氏自身の景徳鎮における人的ネットワークのつながりはほとんどない状態なので，道徳的帰属意識につながる基盤は強くない。景徳鎮のクラスターの発展と景徳鎮における価値観などに共感を覚えることができれば，道徳的帰属意識は高まるものと思われる。現段階では，生活のための手段として絵付けを勉強して景徳鎮に滞在することが一番の目的となっていることから，道

具的帰属はある程度のレベルに達していると考えられる。

8.1.4　D氏の帰属意識

　D氏の場合，国有工場の頃の経験が自分の職人生活における大変重要な基盤となっている。工場の解散でいったんは専門学校の教員となったが，主に給与と待遇に対する不満から独立するに至った。工房のビジネスは軌道に乗っており，相応の経済的な満足度を感じているため，景徳鎮に対する道具的帰属は高いようである。しかし，リーマンショック時には，景気の影響を受けて商売がうまくいかなかった時期を経験しており，将来に対しての一抹の不安を抱えている。景徳鎮のクラスターとしての発展が自分自身の発展にもつながっていることから道具的帰属意識も高いように思われるが，情緒的帰属と道徳的帰属につながる基盤は特に強いとは言えない。もちろん，家族と一緒に景徳鎮で生活しているので，景徳鎮から離れることは今のところ考えていない。今後，景徳鎮クラスターに対する情緒的帰属と道徳的帰属につながる要因が強くなれば，クラスターに対する帰属意識も高くなると思われる。

8.1.5　E氏の帰属意識

　職人E氏は景徳鎮付近の田舎出身で，10代後半に景徳鎮にやってきた。同郷の紹介を受けて，先生について絵付けの技術を学んだ。最初は先生の手伝いをこなしていただけだが，そのうち徐々に絵付けの技術を習得していった。元々は，生活のための手段だと考えており，他に暮らしの糧があれば，陶磁器の仕事に従事する必要はないと思っていたが，今は家族を養わなくてはならないことから，絵付師として仕事を続けている。長年の積み重ねで技術が熟練しているため，生活に困らない程度の収入を得ることができている。

　E氏のような倣古品を専門に製造する徒弟制度の職人の道具的帰属，情緒的帰属と道徳的帰属について考える。道具的帰属は自分の投資と犠牲が大きいほど意識が上がると言われており，職人としての経歴が長くなるほど投資が大きくなることから，年を取るほど道具的帰属の意識が高くなる傾向があ

る。中国では一般的に，若者は他に興味のあることが見つかれば，ためらわずに職業を切り替える傾向がある（実際，若い職人の流動性は高い）。親戚や知人等の紹介で師匠を探してもらい，陶芸の勉強している若い人でも，腰を据えて学ぼうとする人は年を追うごとに減少しており，継続して一人前になろうとする職人が非常に少ないのが現状である。このような場合，クラスターに対する情緒的帰属の意識はそれほど高くはならない。また，長く勤めている職人であれば，社会的な絆が深くなっているためか，クラスターに対しての情緒的帰属の意識も一定のレベルに達している。クラスターへの誇りや価値と目標の共有については，若い職人ほど低く，長期間従事している職人の方がある程度の意識を持っていると思われる。景徳鎮全体の発展に伴い，自分たちも少しずつ裕福になっていることを感じているようで，クラスターに対しての誇りは，相応に持っているものと考えられる。

8.1.6　F氏の帰属意識

　F氏の場合は，先輩とのネットワークのような学縁で得られた現在のつながりが景徳鎮にとどまる大きな理由となっている。仲間との絆が景徳鎮に対する情緒的帰属意識の基盤となっているケースである。また，陶磁器の市場への出店で経済的なメリットも享受できていることから，景徳鎮に対する道具的帰属意識は持っているようである。一方，景徳鎮の滞在期間がまだ短いことから，景徳鎮のクラスターに対しての長期的な発展や価値観への共感に伴う道徳的帰属は高いとは言えない。また，職人としての自己アイデンティティの発達もまだ初期の段階にあり，今後の成功体験が個人のアイデンティティ形成を左右すると思われる。

8.1.7　G氏の帰属意識

　G氏の場合は，友人と一緒に場所を借りて，自らの力で柴窯での作品を制作するというとても希少なケースである。窯を維持するためには一定の犠牲を払う必要があり，クラスターで生活するよりも多大なコストを工面しなけ

ればならない。G 氏は，景徳鎮という陶器文化の中心地に自分自身が自由に創作する環境に恵まれ，周りには一緒に頑張る仲間や恋人がいることから，クラスターに対する情緒的帰属も一定のレベルを維持している。道徳的帰属とは自己価値と自尊心およびクラスターへの誇りと価値と目標の共有を提供できる評価志向を指すが，「卒業生のほとんどが卒業後景徳鎮を離れ，沿岸地域の企業で働くことを選んだが，自分は景徳鎮に残った。景徳鎮に残ったからこそ，景徳鎮での古い伝統と陶磁器の生粋を吸収することが可能である」と語っている。このことから，景徳鎮の陶磁器に対する誇りと価値観の共有はある程度持っていると考えられる。また，G 氏は自分の窯を紹介する発言の中で，どのように創作活動を行うかを非常に積極的に語っており，現段階では景徳鎮クラスターに対しての帰属意識の高さが感じられた。将来については，自分の努力次第であってまだ見えないとしながらも，できればずっと景徳鎮で頑張っていきたいと語っている。

8.2 外在的要因の影響

8.2.1 血縁関係の影響

A 氏の景徳鎮クラスターに対する高い情緒的帰属と道徳的帰属意識の背景には，血縁関係が深く影響している。「陶磁世家」という称号の授与もあり，A 氏は一族と景徳鎮クラスターに対する深い責任感を持っている。陶磁世家の名誉称号を受けた経緯について次のように語っている。社会主義経済の下，一定規模以上の個人所有の窯業が国有化されることとなり所有権を失った。その代わりとして関係する家族には一定の役職が政府から与えられた。その結果，一族の発展と陶磁器クラスターの発展とは切り離すことのできない関係となった。問題点としては，「陶磁世家」だとネームバリューが不足していることである。「工芸美術大師」の肩書が授与されると，市場価値も格段に上がるが，工芸美術大師と比較して「陶磁世家」の知名度は高くない。さらに，知的財産権の問題として，製品を複製する品質の悪い模倣品

の存在がある。以前，自分の作品を無断で模倣している業者に直接対応した
ことがあるが，先方も道理に背いていることを承知していたこともあり，法
的機関に頼るまでもなく，直接交渉で問題を解決している。

8.2.2　地縁関係の影響

　徒弟制度の職人の場合は，親戚と同郷の紹介で景徳鎮職人を始めることが
多い。そして最初のきっかけ作りだけではなく，同郷の出身者が景徳鎮で特
定の業種の仕事を独占，あるいはコントロールしている状態から見ても地縁
の影響が特に強い。さらに，地縁の影響でクラスターに対する帰属意識を検
討すると，道具的帰属に対する影響が強い一方で，情緒的帰属と道徳的帰
属については，影響が大きくないようである。C 氏の場合は，まだ若いこと
もあり，地縁の影響で職人を始めたが，十分なクラスターに対する帰属に
はつながっていない。また，独立した D 氏は地縁のネットワークを生かし
て，順調にビジネスを拡大した。陶磁器作りの工程は分業化されており，自
分が独立で完成できる工程以外の部分は，同郷のネットワークに依存してい
る。一方，E 氏は独自の高い技術が評価されており，一部の仕事の依頼が同
郷の関係者から来ているが，それ以外にも，報酬が高ければほかの工房から
の仕事依頼も受けていた。三人とも地縁からの影響を受けているが，限定さ
れた範囲である。また，徒弟制度の場合は，同じ親方の元で学ぶ弟子同士の
「学縁」でのつながりも考えられるが，D 氏と E 氏に話を聞いたところ，同
じ親方の元で学んだ他の弟子との関係はそれほど強くないという。学縁より
は，同郷という地縁関係の方が独立した後の職人生活に与える影響が大きい
ようである。

8.2.3　学縁関係の影響

　学縁によるつながりは血縁や地縁ほどは強くないため，長期的に F 氏の
景徳鎮に対する帰属意識の基盤となるかは未知である。しかし，学縁のつな
がりは緩やかで，寛容であるというメリットもある。地縁や血縁の関係には

独自の習慣やしきたりが数多くあり，遵守することが求められる。しかし，学縁にはそのような強い束縛性はなく，自由に自分の思い通りの作品作りに挑戦することができて，個性を存分に出すことが可能である。F氏自身も，あふれる想像力で沢山のアイデアを持っているため，自分の作風が確立できれば，伝統的な景徳鎮陶磁器とは違う現代の若者としての新ジャンルを切り開く可能性を持っている。

　大部分の陶瓷学院の卒業生が，F氏とG氏と異なり，景徳鎮で技術を学んだあと，沿岸地域への就職を選んだのも，クラスターに対する帰属意識が低いことを反映している。これは，景徳鎮の陶磁器産業クラスターとしての発展がターニングポイントに来ていることを表している。景徳鎮は，政府から観光都市として位置づけられており，景徳鎮のブランドの知名度を活用して，世界中の観光客を誘致し，また民芸品・工芸品の販売を通じて景徳鎮陶磁器の発展を図っている。しかし，日常生活用品としての陶磁器の生産量や売上高が沿岸地域に負けていることもあって，若手職人が定着したいという意欲をかき立てるまでには至らない。ここで事例として取り上げた二人は，学校教育の経験者としては，むしろ珍しいケースである。陶瓷学院という大学で磁器を学ぶことが今後のキャリアの発展に有利だと考えて景徳鎮に来ているのであれば，一時的に景徳鎮に対する道具的帰属が高くなっているだけで，情緒的帰属と道徳的帰属はむしろ低いレベルにあるものと考えられる。卒業後，景徳鎮に残ることのメリットを感じないのであれば，道具的帰属の意識も低下し，自分にとってさらに成長のできる景徳鎮以外の環境を求めることになるものと思われる。

8.3　自己アイデンティティに対するとらえ方

　A氏によると，景徳鎮という土地にはさまざまな制限があって，大企業が発展することは難しく，逆に言えば，多種多様な陶磁器芸術品を生み出す包容力になっていると考えている。このため規模による経済性を求めることは難しいが，製品の構造，製造方法については絶えず新しい創造を継続しな

いと淘汰されることにつながると考えている。芸術家・陶磁家のレベルになると、常にオリジナリティを追求しており、単純な模倣を考える人はあまりいないとのことで、他人の優れた陶芸技術や芸術性に自分独自のアイデアを融合して、新しい芸術の創造が重要であると認識している。このように、A氏にとっての自分らしさとは、過去の伝統を尊重した上で、さらに現代の要素を加えた「伝承的創造」を実現することだと考えており、日々これを続けている。

　一方、同じ家族伝承の職人でも、B氏の場合は失われた文化財の再現に力を入れながら、独自の表現を付け加えることで独自の職人アイデンティティを表現している。B氏は故郷の吉州釜の影響を強く受けている。吉州釜は景徳鎮クラスターの一部ではないが、かつて歴史的に隆盛を誇った窯であり、技術の高さで評価を受けている場所である。現代の景徳鎮クラスターの包容力が高いことから、異なる系譜である別地域の伝統磁器の価値も認めている。しかしB氏は景徳鎮にこだわらず、日本、ヨーロッパなど積極的に海外に活動を広げることで、伝統的な景徳鎮職人と異なる一面を自己のアイデンティティとして確立しようと努めている。

　徒弟制度の職人の場合は、個人の努力と才能が非常に重要である。順調に自己成長するための道は険しく、職人以外にもさまざまな可能性があったとしても、職人としてそのまま現在まで続けていることも多い。E氏は、理想の自分と現実の自分との格差を認識しており、作品を作りながら、「できればもちろんやりたくないが、でも家族を養うために仕方がない」という愚痴をこぼしていた。職人としてロールモデルとなる仲間が自分の知り合いであるなど同レベルの職人も多いためか、自分が持っているスキル等を他人に教えようとはしないようである。写しなどの場合は、古典の模倣の本などを資料としているが、写している時は本の内容を他者に見せないようにする仕草をするなど、閉鎖的と感じられる一面も見られた。

　大学での教育を受けたF氏とG氏は、職人として自己のアイデンティティを形成するまでの過渡期の段階である。学校での訓練で一定のスキルを身

につけた後，社会に出てからは持ち前の行動力と努力で職人として経験を重ねている。寒い冬でも，厳しい作業を苦ともせずに，職人としての自分の道を追求している姿を見ると，陶磁器作りに対しての愛着感が高いことが感じられる。陶磁器に対する認識は，伝統を重んじる世代が持つ「工芸美術品」との枠を超えて，自己との対話による自己表現であるとの認識を持っている。積極的に自分のアイデアを作品に取り入れ，こだわりの製法で作品を仕上げていくなど，陶磁器職人であることが自己アイデンティティの重要な一部になりつつあるようだ。ただし，まだ年齢も若いため将来に対しての迷いも持っており，今後もこの道で一人前として認めてもらえるかについては不安があるようである。

　また，組織人としてのアイデンティティと職人としてのアイデンティティとの葛藤の問題はF氏とG氏のケースではまだ存在していないようである。G氏は自由に創業する雰囲気にあこがれて，あえて他の友人のように組織人となって安定した生活を送る道を選ばなかった。そして，創作だけではなく自分の作品を販売する力や宣伝能力が要求される別の道を歩んでいる。独立志向の強い若手世代が求めている職人としてのアイデンティティは，自己アイデンティティの一部に含まれるものである。将来の成功のためには，総合的なプロデュース力等，職人アイデンティティを拡張することが不可欠であると考えられる。

8.4　内外要因の相互作用がクラスターに対する帰属意識に及ぼす影響

　内外要素の相互作用により，クラスターに対する帰属意識が影響されることを理論的に検証するため，今回取り上げた調査対象者の相互作用の影響について考察する。

8.4.1　家族伝承者の内外要因の相互作用

　まず家族伝承のA氏とB氏の場合では，外在的要因である血縁関係の強

い影響のもとで，家業を継承していることから，景徳鎮の陶磁器職人として
の意識は高い状態にあると考えられる。したがって，クラスターにおける職
人としてのアイデンティティも非常に強いものとなり，外在的要因である血
縁関係との相乗効果の元で，クラスターに対しての帰属意識も高くなってい
る。例えばA氏の場合は，「陶磁世家」という名誉称号の授与により代々引
き継がれている磁器作りの技術をさらに発展させることで，景徳鎮クラスタ
ーにおける職人としての誇りを強めると同時に，クラスターへの帰属意識も
さらに高まる。また，B氏の場合も，血縁の影響が職人としてのアイデンテ
ィティを強めており，そこに相互作用が加わってクラスターに対する帰属意
識がより高まることにつながっている。

8.4.2　師弟継承者の内外要因の相互作用

徒弟制度の職人における同郷者の関係がもたらす影響について，D氏と
E氏の事例を検証する。C氏の場合は陶磁器作りを始めるきっかけが血縁関
係と地縁関係であった。しかし，社会関係性とクラスターにおける職人アイ
デンティティとの間の相乗効果は，C氏，D氏，E氏の事例では検証されな
かった。C氏の場合は，経験が浅いということもあり，クラスターの職人と
しての自己アイデンティティがまだ強いレベルにはなっていない。D氏とE
氏はそれぞれ地縁の影響もあってクラスターの職人としてのアイデンティテ
ィは確立されているが，相互作用を確認できるような話は聞くことができな
かった。クラスターの職人というアイデンティティを自己アイデンティティ
の一部として位置づけており，地縁関係との影響による相乗効果が現れてい
るとは言えないようである。

8.4.3　学校出身者の内外要因の相互作用

最後に，学縁関係とクラスターの職人アイデンティティとの相互作用につ
いては，F氏とG氏の事例からは確認されなかった。F氏，G氏は共に卒業
後間もないため，クラスター職人としてのアイデンティティは確立されてい

170

ない段階にある。学縁関係の影響でクラスターに対して一定の帰属意識を持っていることは検証されたが，自己アイデンティティが完全に確立されていない段階では，外在要因の学縁関係との相乗効果を検出することは難しいようである。しかし，若手職人を中心に進めた今回の研究結果からは，現代の学校教育経験者を代表する内容とは言いきれない。大学卒業者であり，しかもクラスターにおいて長期間職人を経験した人であれば，異なる証言が取れた可能性が残る。

9 ┃ 考　察

　本研究では，最初にクラスターに対する帰属意識及び影響要素についての理論的検討を行った上で，景徳鎮陶磁器クラスターの職人を対象とした検証を行った。理論的検討では，2つの問題を考察した。まず，クラスターに対する帰属意識の構成をカンターのコミュニティに対する帰属意識の研究を踏まえて，3つの構成次元である情緒的帰属，道具的帰属，道徳的帰属に分類して検討を行った。そして，クラスターに対する帰属意識の影響を外在的要因と内在的要因，及び内外要因の相互作用の側面から検討した。その結果，外在的要因には地縁，血縁，学縁など個人を取り巻く外部環境を設定し，内在的要因には，「クラスターにおける個人のアイデンティティの確立」を取り上げた。「家族伝承者」，「師弟継承者」と「学校出身者」の3つのグループに分けて事例を分析した結果からは，三者三様の特徴が読み取れる。

9.1　家族伝承者に関する考察

　家族伝承式の場合，事業の後継者である世代では，家族の事業に対しての責任感を強く持っている。また，ある程度の地位があって成功を収めているケースであれば，帰属意識が相応に高いことがわかった。クラスターに対する帰属意識の基盤は，家族の事業に対する誇りや自分自身の成功体験に基づ

第4章　クラスターへの帰属意識と影響要因　　171

くものであった。無形文化遺産の継承人となる等，外部から認められること
で，自分自身の価値を引き上げている。一方では，景徳鎮という地域だけの
活動では不十分であることも認識しており，景徳鎮クラスターを拠点として，
国内のほかの地域や海外にも積極的に進出したい気持ちを持っている。また，
景徳鎮クラスターの問題点を認識していながらも，自分の力では変えられな
いことが多いと考えている。さらに工場生産の方式が工芸美術品の製造に向
かないことをよく承知していて，「伝承的創造」が彼らの求めている職人ア
イデンティティのキーワードとなっている。単なる模倣では自分のオリジナ
リティを表現することはできないが，過去のデザイン・模倣をすべて捨てて
までイノベーティブな作品作りに挑戦することには抵抗があるように思われ
る。

9.2　師弟継承者に関する考察

　師弟継承者の場合は，自己利益のために景徳鎮クラスターに対する消極的
存続意欲が高いことが見受けられる。他の選択肢があれば景徳鎮に残ること
はないが，生活を維持するために仕方なく残っているような状態である。道
具的存続意識は高いが，情緒的帰属と道徳的帰属の意識は中レベルかあるい
はさらに低いと考えられる。職人として求められているのは熟練度と技術の
再現であり，歴史的な資料等を参考として，できるだけ短い時間で倣古品を
作ることが要求されている。長年の経験で自分独自の技能を身につけている
ことが多い。逆に言えば，このような職人たちのおかげで，伝統的な陶磁器
が安い値段で一般民衆の手に届けることができている。昨今では徒弟制度の
しきたりにも変化があり，昔ほどの厳しさはないようである。長期間陶磁器
作りに従事している年配の職人は，景徳鎮クラスターに対して一定の道徳的
帰属意識を持っているようである。また，師弟関係でも流動性も高くなって
おり，昔のような固定的な関係ではなく，職人を辞めたいと思った弟子に対
しても，親方は何も強制することができなくなっている。総合的に，徒弟制
度の職人のクラスターに対する道具的帰属意識は高いレベルであるが，情緒

的帰属と道徳的帰属意識は低いようである。

9.3 家族伝承者に関する考察

　学校教育で基礎を学んだ若手職人のほとんどが景徳鎮から離れているという現状が確認されたことから，クラスターに対しての帰属意識は低いということがわかった。景徳鎮で受けた教育は，彼らにキャリア発達上必要な技能を与えてくれるが，それを手にした多くの若者はここを離れているようである。しかし，景徳鎮に残って職人となった少数は，陶磁器に対する愛着も高く，景徳鎮に対する帰属意識も高いレベルにあり，強い個性を持つ職人を目指している。「すべてが自分の手作り」，「自分のアイデアで制作する」という一方で，「先輩からのネットワークを引き継いでいる」など，学派としてのネットワークの関係を十分に活用している。こうしたネットワークの存在も景徳鎮に対する帰属意識に寄与しているようである。道具的帰属，道徳的帰属と情緒的帰属との相互作用については，個人のクラスターにおける職人としてのアイデンティティを確立することができれば，向上する可能性があるものの，現在はまだ高いとは言えない。景徳鎮という場所が，自分の価値を高めることができて，個性豊かな自分を表現することができるからこそ，クラスターへの帰属意識が向上する。景徳鎮に残る人材は少数であり，多くの若者がこの町から去ることを選んでいる現実がある。将来を支える若者を定着させるためには，インフラ面で彼らの創作活動を包容する環境を作る等，クラスターに対する帰属意識を高めるための整備が必須である。

9.4 三者の帰属意識比較

　以上の3つの異なるグループの事例を分析することによって，景徳鎮クラスターの職人の特徴を明らかにすることができた。クラスターに対する帰属意識は，個人が置かれている社会的環境に大きく影響される。情緒的帰属は，家族伝承者，学校出身者，師弟伝承者の順で小さくなっている。道具的帰属では，師弟継承者，学校出身者，家族伝承者の順に小さくなっている。そし

て道徳的帰属では，家族伝承者，師弟継承者と学校出身者の順に小さくなっている。現代教育経験者の場合は選択肢がさらに多いことから，景徳鎮の産業クラスターが持つ価値へのこだわりは少ないと思われる。職人アイデンティティの形成が順調に行われているほど，クラスターへの帰属意識が高くなる傾向がある。家族伝承者は，師弟継承者や学校出身者よりも社会的基盤がしっかりしているため，自己のアイデンティティが形成されやすいと推測できる。

9.5　三者のアイデンティティのとらえ方

　最後に，職人としての自己アイデンティティの意味も家族伝承者，師弟継承者と学校出身者では異なっている。家族伝承者の場合は，一族によって引き継がれている重要な技術と文化遺産をさらに発展させることが個人にとっての重要な使命となっている。先祖が残したものを守りながら，自分の個性を引き出すことが自己の職人アイデンティティの重要な命題となっている。一方，師弟継承者の場合は，伝統的な模様を再現できる高度な技術を持つことが職人としての価値を認められることになるため，自己表現としての職人アイデンティティは必要とされない状況に置かれている。伝統的なデザインと模様を再現する能力が高いほどクラスターにおける職人アイデンティティが強くなる。そして，学校出身者の場合には，現代の陶芸芸術の教育の影響で，高度な技術を求めるよりも陶磁器作りを通していかに自己を表現できるかが職人アイデンティティとして重要であると理解している。職人アイデンティティの確立は職人の育成方法によりまったく異なるようである。

　景徳鎮のような古い町では，社会的な絆の深さが職人としてのアイデンティティにとって重要な要素となっている。アイデンティティ確立初期の段階では，個人の努力でも維持可能かもしれないが，専門家として認めてもらうためには，地縁や血縁等に加えて，深い社会的基盤が必要となる。学縁を中心に，同じ大学卒業の仲間とのつながりを持っているだけでは，職人アイデンティティをさらに発展させることは難しい。大学教育を経験した若手職人

にとって，今後，順調に職人アイデンティティを確立しようと思えば，社会的基盤の拡大が必須である。また，陶芸職人としての価値が世に認められるためには，長期的に地味な努力を重ねながらもオリジナリティの高い作品を作り続けることが不可欠である。

　流動性の高い景徳鎮には，景徳鎮の陶磁器文化にあこがれてやってくる人も多いが，必ずしも帰属意識の高い人であるとは限らない。世界的に知名度が高い陶磁器クラスターであるからこそ，世界各地から数多くの陶磁器職人がやってくる。彼らは互いに交流のネットワークを持ち，互いに刺激され，最新鋭の陶磁器作りに励んでいる。陶芸家に限らず，中国絵等の伝統的なデザインに興味を持つ画家等違う分野の芸術家も，絵を描くために景徳鎮に訪れる。ここでは絵付けの能力さえあれば，簡単に材料を調達して，自分の陶磁器作品を作る環境が整っている。また，バイヤーもたくさんいるので，作品の出来栄えが良ければ，出来立ての作品を業者に買い上げてもらうこともできる。このように景徳鎮は，個人が自由に自分の作品を創造し，自由に販売することができる雰囲気を持った街である。しかし，残念ながら一時的に身を寄せる場所に過ぎず，新しい芸術を求める人たちが長期的に帰属できるような場所にはなっていない。幸い移動性は高くともレベルの高い芸術家の貢献もあって，一定のレベルが保たれている。

9.6　事例から見る内外要因と相互作用

　以上の分析の結果，地縁，血縁，姻縁など外在的要因は，個人のクラスターへの帰属意識に大きく影響することがわかった。また，家族伝承と現代学校経験者のケースでは自己アイデンティティに対する捉え方の影響が確認された。さらに，外在要因と内在要因の相互作用は，家族伝承では確認されたが，徒弟制度と現代学校教育では確認されなかった。家族伝承，徒弟制度の職人と現代教育の経験者の職人として重視していることは「伝承的創意」，「単なる模倣」，「創意・創作」でそれぞれ異なる。家族伝承の事例では，一族の文化遺産をさらに発展させることで，職人として景徳鎮の窯業に貢献し

ながら相乗的に帰属意識が向上することになる。かつては家族伝承と徒弟制度が職人育成に大きく貢献したが，今後大学を卒業した高学歴の職人の景徳鎮クラスターに対する帰属意識をさらに向上させることができれば，景徳鎮のさらなる発展が期待できると思われる。

注

1) 宋應星撰『天工開物』藪内清訳注［1987］平凡社東洋文庫。

参考文献

大木裕子［2014］「景徳鎮の陶磁器クラスターにおけるイノベーション過程に関する考察」『京都マネジメント・レビュー』24号，pp.1-29.

高小青［2010］「景徳鎮における伝統的な陶磁器作りの伝承方式に関する教育学的思考」西南大学修士論文.

原田誠司［2009］「ポーター・クラスター論について─産業集積の競争力と政策の視点」『長岡大学 研究論叢』第7号，pp.21-42.

余小茘［2004］「论现代陶艺在审美意义上的本质特征」『装饰杂志』pp.67.（中国語）

Burke, Peter J. & Reitzes, Donald C. [1981] The link between identity and role performance, *Social Psychology Quarterly*, 44, pp.83-92.

Kanter, R. M. [1968] Commitment and social organization: a study of commitment mechanisms in utopian communities, *American Sociological Review*, 33, pp.499-517.

Kanter, R. M. [1972] *Commitment and Community: Communes and Utopias in Sociological Perspective*. Cambridge: Harvard University Press.

Meyer, J. P. & Allen, N. J. [1991] A three-component conceptualization of organizational commitment, *Human Resource Management Review*, 1, pp.61-89.

Meyer, J. P. & Allen, N. J. [1997] *Commitment in the Workplace*. Thousand Oaks: Sage Publications.

Porter, L. E. [1998] *On Competition*. Harvard Business School press.（竹内弘高訳［1999］『競争戦略論Ⅱ』ダイヤモンド社）

Tajfel, H. & Turner, J. C. [1986] The social identity theory of intergroup behavior. In Worchel, S. & Austin, G.（Eds.）, *Psychology of intergroup relations*（pp.7-24）. Chicago: Nelson-Hall.

終 章

逆転の発想──景徳鎮からわかること

本研究は，景徳鎮への関心から始まっている。集積が製品の高度化を生むことに注目が集まったのは産業クラスターの議論が行われてからであるが，実際には先端産業だけではなく，伝統産業においても集積が高度化の基盤となっている。

　これまでの経営学では大企業が製品高度化をリードしていき，技術革新や新製品開発で中心的な役割を果たすものと考えられていた。それがベンチャー企業の存在が問題とされるようになり，製品の高度化は必ずしも大企業が果たすとは限らないことが論じられた。また，大企業が多くの経営資源を集積し，それを排他的に使用することで競争上の優位が成立するという議論が当然とされたが，それも危うくなっている。規模の経済という議論で大きければ大きいほど効率が高いとされ，大企業の優位が仮定された。しかし，現在のような成熟した市場，新製品が開発されてもあっという間に普及し，市場が飽和状態になると，設備は過剰状態に陥る。企業の規模が足かせになりかねない。

　今までのような大企業をモデルとした経営学が有効でないとすると代わって出てくるのは何か。集積内での役割分担が大きな要素となる。自社で設備などの資源を持たなくても外部の資源を利用することによって製品を調達する。逆に過剰になっている設備を他社の製品を作ることによって稼働させ，償却をはかる。自社中心の体制から複数企業の協力による生産へと移行する。

　そもそも自社に経営資源を取り込むという理由は，設備や技術などが十分に成熟していない段階では，予想外の事変が起きたときに資源を内部化しておいた方が対処しやすいという理由だろう。規模の経済と同様に，その時の技術的社会的条件で最適の形態が採択される。現在の情報技術の発達は，外部資源であっても内部の資源同様に信頼の置ける状態にある。

　このような見通しの下に景徳鎮の磁器生産集積が高度化する状況を見てみようとした。さらに，その当時入ってきたのが，社会主義計画経済の下で景徳鎮は大工場に編成され，計画経済に組み込まれていたが，それが改革開放が一段落した時点で，次第に高級品の生産が再開され，それを生産する体制

終章　逆転の発想——景徳鎮からわかること　　179

が大工場から小規模な工房に復帰していったという情報である。高級な陶磁器は小ロットでの生産になる。大工場で作る必然はなく，規模の経済が働く余地はない。その中でどのような状態が生まれているのか。その研究が必要であるだろう。

　実際に景徳鎮に行ってみると，状況はかなり異なっていた。まず，小規模企業に生産が移行していることは間違いなかったが，高度な製品が作られているという点では高価であってもそれが高度な製品であるかについて，簡単には認定できないという状態であった。つまり，景徳鎮固有の磁器製品が流通しない状態が30年以上続いており，それが高度な製品であるかについての判断ができる人間がいなくなっていた。

　1960年代に始まる文化大革命によって景徳鎮の伝統的な青花（染付）の製品は反革命的であるとされ，一般の流通からはもちろん，家庭での保有も見つかると壊されるという状態になった。代わって製造されたのは毛沢東や林彪などの指導者の絵皿や陶人形，紅衛兵や白毛女などの革命をテーマとしたものであった。

　大工場体制になり，文化大革命のさなかでも幹部用の食器や，特に外国からの要人の訪問に対する贈答品としての磁器生産は持続されたが，逆にいえば，そこにしか需要がない状態であった。このために，伝統技法は一応保持されたことになるが，それに対する評価のできる人間がほとんどいない状態に置かれたものと思われる。

　さらに，中国固有の状況として，磁器製品の需要が食器よりもむしろ壺や瓶，陶人形にあるという点を考慮しなければならない。これは，中国においてこのような大型の磁器製品をインテリアに用いるためである。中国では集合住宅はスケルトン販売というコンクリートを打ちっぱなしした状態で販売される。間取りを含めた内装は自分で行うという伝統がある。内装にはかなりの金額を掛け，凝ったものが喜ばれるが，そのインテリアの一部として大型の磁器製品が用いられる。文革期は抑圧されていたインテリアに対する関心が一挙に吹き出し，大型のインテリア用製品への需要が高まった。

文化大革命（文革）の際に最も被害に遭ったのがこのような大型磁器製品である。目につくし，隠すことが難しい。紅衛兵に家に踏み込まれ，見つけられる前に自分で処分することも含めて，ほとんどのインテリア用の磁器製品が壊されてしまった。個人所有はほとんど壊され，美術館に入るようなものを除けば，役所や会社にあったものもかなり壊されたと思われる。

文革について確認するならば，この社会運動による影響の大きさは絶大であり，生活を一変させ失われたものやこと，そして人は多い。紅衛兵が闊歩し，何か瑕疵があればたちまち取り囲んでつるし上げが始まる。女性が化粧をしているとつるし上げて髪を切り丸坊主にしてしまう。それからの20年，女性は化粧をする習慣を失ってしまった。また，民族衣装である旗袍（チャイナドレス）は着ることもなく，売買もなくほとんど忘れられていた。現在でも百貨店で旗袍は売られていない。民族衣装が百貨店で売られていない国は中国だけではないか。

洛陽郊外の竜門石窟に行くと，石仏の大半が傷つけられている。はて，洛陽までイスラム教徒が攻めてきたことはないはずだがと聞くと，文革の時ですという返事。多くの文化財がこのときに失われた。文革で失われた文化財が多いことが推測できる。

改革開放が進み，富裕層が現れたとき，大きな需要があったのはインテリア用の大型の壺や陶人形などの製品が先行し，食器などはその後ということになる。さらにこの傾向は近年ますます強まっている。それは大型の磁器製品が贈答用に用いられているためである。贈答，接待のために用いられると，それは製品の評価ではなく，どの程度の値段であるかに関心が高まる。

景徳鎮で，評価されている作家の何人かに話を聞いたが，いかにも金儲けに関心がありそうな作家も，純粋に作陶に専念していると思われる作家も一様に価格を口にしていた。つまり，作品の評価の指標として価格があり，自分が儲かるか否かに関係なく，評価指標であるだけに無関心ではいられないということだろう。

接待では食事も同様で，実際に食べておいしいか否かではなく，どの程度

終章　逆転の発想──景徳鎮からわかること　　181

の金を掛けているかを見せることが重要になる。実際，和食なのにフォアグラやトリュフなどを使って高価な食材をことさらに使ってみせるという料理人がいる。マスコミに評判となり，ビジネスとしては有効であっても，それが食文化に貢献するわけではない。要するに，製品の高度化にはほとんど貢献していない。

　同様に景徳鎮の高額商品であるということを示せば，その作品のできの良し悪しは受け取った側はさほど問題にしない。官官接待の受領者は消費者とはいえない。もちろん，接待者も購入の判断は市場による評価とはかなり異なる。これを前提として製品高度化を論じることはできないだろう。では誰が評価すべきだろうか。現在の景徳鎮は信頼できる評価者が不在であるといえる。

　ネットワークレピュテーションと呼ばれる評価がある。ネットワーク参加者の相互評価で，シリコンバレーでは仲間内での評価をとることが決定的に重要で，大もうけをしたとか会社を大きくしたという以上に，いい仕事をしたことが評価基準であり，それをめがけて行動するとされる。実は西陣でもまったく同様の評価がなされ，尊敬されるのは西陣に新しい技法や文様をもたらしたという点に置かれる。

　作り手の相互評価は信頼できるかというと，必ずしも信頼できない。作り手の超絶的な技能を評価しても，その製品がよいということは保証されない。いくつかの産業集積をみると，すさまじい技能で圧倒するものの，決して欲しいとは思えない製品がある。例えば，九谷焼での超絶技法はすさまじい。細かに絵付けをすることに関しては技能としては他の産地を圧倒している。しかし，湯飲みの内側に細かな絵付け，文字書きの必要はあるのだろうか。それを見るためには拡大鏡が必要である。

　景徳鎮ではネットワークレピュテーションが存在しないわけではないが，それ以上に作品の価格が指標となっている。それも，公開されたマーケットがあるわけではない。日本の場合は作家が値付けするが，景徳鎮は買い取り業者との相対で決まる場合が多い。しかし，買い取った作品が転売されるこ

とも多く，作家自身が価格をコントロールはできない。

さらに，文革で磁器製品が壊されたことにより，まず求められたのは古典的な作品の復元品であり，新しい試みではなかった。創造性が要求されるよりも技法の復元であった。また，型流しと転写によって量産される壺や瓶などの低価格品はインテリアとしてかなりの需要があった。

また，景徳鎮ではボリュームゾーンの日常食器にはさほど関心が高くない。食器を専門とする工房もあるが，主流ではない。日本の場合，人間国宝でも食器を作っており，食器などの器に対する低評価がない。これはおそらく茶道の影響で，茶道具は相当に高額で取引されるだけでなく，その目利きはかなりの数が存在する。

また，大量生産に関しては美濃などの産地の機械化はかなりの水準にあり，自動化が進んで，人間が行う作業がほとんどなくなっている。器胎の形成から絵付け，施釉，トンネル窯での焼成まで自動化されており，人間は製品検査だけ行うという状態になる。ここまで来ると，中国からバイヤーが買い付けに来る。中国で生産するよりも割安に作れるというわけである。

もちろん機械化は製品の歩留まりを向上させる。見学した工場では10％の不良品率をさらに下げようとしていた。以前の人手による生産では窯出しするまでどの程度の良品があるかわからないという状態であるのに対して，格段の差異といえる。産業としてみた場合には，このような生産体制が望ましいということになる。型を多数持ち，プリントの原盤を取り替えることでかなりの多様化が可能となっているが，器は徐々に個性化して，家族の中でも個別化する方向にある。かつてのようなセットで購入することも少なくなっている。多品種少量をどのように実現するか，機械化投資を回収できるだけの需要があれば機械による生産は技術的には可能だろう。3Dプリンタによる器胎形成とインクジェットによる絵付けという状況になってもおかしくない。これをコンピュータによって機械化すると，ほぼ完全なコピーを作ることになる。陶器の釉薬の窯変を再現することはかなり困難だろうが，磁器の再現はむしろ容易であるといえる。

終章　逆転の発想——景徳鎮からわかること　　**183**

　景徳鎮では圧倒的に人間が製造しており，機械化の程度は低い。人材は作家に工房で修行するという古典的なキャリアだけではなく，景徳鎮陶瓷学院という専門大学から供給される。景徳鎮は好景気で，多くの労働者を引き寄せた。工場が解体されて，独立して自分の工房を開くものも多い。小型冷蔵庫ぐらいの大きさの電気窯1台だけで開業できるために次々と新規参入がなされた。しかし，高度な製品を作るだけの訓練を受けておらず，目先の需要に反応しての開業が多いものと推測され，将来に期待することはできない。

　景徳鎮が今後どのように推移していくかは難しい。景徳鎮で開催されている世界陶磁器展にはヨーロッパをはじめとして著名な窯が出品しているが，それは中国で自社製品を売るために出品しているというよりも，自社製品の製造下請けを誘っているように見える。中国の工業生産が，先進国の生産下請けを行ってここまでキャッチアップしたのと同じことが陶磁器でも行われようとしていると理解すべきかもしれない。

　プロデューサーが欠落して以降，以前の名品の写しを作ればよいという大きな流れがあり，その中で発展している景徳鎮の現状に対して，何らかの改革の必要を感じている作家も少なくない。しかし，明確な方向性をつかむことはまだできているとはいえない。研究を構想した段階では，陶磁器という芸術性を帯びた製品は高度なものづくりになっているかは容易に判断できると想定していたが，現実には複雑な動きがあり，簡単に高度製品と認定できない。実用品ではなくインテリアとしての需要が高く，技能や技法は高度でも，名作であると認定するのは困難である。

　さらに中国の社会では，社会的上昇を果たせる可能性に人々が殺到する。冷蔵庫代の電気炉が1つあれば陶磁器を焼くことは可能であるので，独立して自営し社会的上昇を図ろうとする。他方で，きわめて粗悪な土産物のような景徳鎮ブランドも存在する。富裕層の景徳鎮も貧者の景徳鎮も作られており，混沌の中にある。高度なものを作るのではなく，売れるものを作り，それによって社会的上昇を果たそうという行動様式がみられる。ものづくりの基準がよいものではなく，高く売れるものになっている。

景徳鎮はものづくりにおいて，典型ではないが，例外でもない。さまざまなものづくりの一般理論への希求は必要であり，その研究を継続していく。

索　引

英

IMARI……………………112, 113, 124
iPad……………………………………23
OEM………………………………19, 35
OLD IMARI………………………112

あ 行

アウトソーシング………………………3
赤絵………………………25, 34, 113, 119
秋の陶器市………………………129, 130
アッセンブリーメーカー………………18
アップル………………22, 49, 56, 75, 81
天草陶石………………………120, 126
有田…………………………………………
　9, 29, 36, 78, 94, 110-113, 120, 122, 127,
　129, 130
有田皿山…………………………………113
粟田焼………………………………………35
痛くない注射針……………………………17
井深大……………………………………23
伊万里焼…………………………35, 99, 112
インテリア……………28, 33, 119, 179
ウェッジウッド…………………………26
ウォンツ……………………………22, 23
大島…………………………………………25
大田区………………………12, 17, 18, 28
岡野工業……………………………………17
音羽焼………………………………………35
織元………………12, 14, 16, 24, 32, 83

か 行

外在的要因…………………………………
　135, 138, 143, 145, 147, 148, 164, 168, 170,
　174
外注………………………10, 20, 28, 106
高嶺（カオリン）…………7, 96, 100, 104
加賀…………………………………………34
加賀友禅……………………………………11
学縁関係…………144, 149, 165, 169, 170
家族伝承……………………………………
　153-155, 160, 167, 172, 174
家族伝承者……………………168, 170, 172
学校教育…………154, 166, 170, 172, 174
家庭内生産…………………………………14
唐津…………………………………………37
カンター…………………………………140
機業地………………………………14, 15
技術（的）革新……………………………
　2, 18, 40, 46, 54, 56, 80, 83, 100, 119, 178
帰属意識……………………………………
　43, 67, 135, 136, 138-140, 142-149, 154,
　159-166, 168-170, 172-174
京焼…………………………8, 25, 30, 32
清水…………………………………………8, 35
クールジャパン…………………………24
倉敷……………………………………7, 10, 17
クルーグマン……………………………40
景徳鎮………………………………………
　7-9, 29, 32-35, 39, 45, 71, 74, 80, 87, 94,
　96, 102, 112, 130, 135, 154, 159, 164, 169,
　172, 178
景徳鎮国際陶磁博覧会………71, 79, 109, 131

景徳鎮十大陶磁工場博物館……………109
景徳鎮職人……………149, 165, 167
景徳鎮陶瓷学院……………
　9, 71, 104, 106, 108, 156, 183
血縁（婚姻）関係……59, 67, 143, 147, 164
減価償却……………15, 16
工業立地論……………6
香蘭社……………36, 115, 123
極小ロット……………28
コミュニケーション………57, 58, 64, 84, 85
コモディティ化……………21, 22

さ　行

サクセニアン……………41, 45
茶道……………29, 33
三右衛門……………119, 121
産業クラスター……………
　2, 3, 10, 18, 39-47, 58, 71, 72, 79, 85, 87,
　94, 103, 110, 112, 123, 130, 135, 136, 138,
　178
産地問屋……………
　13, 24, 31, 36, 83, 105, 121, 124, 127, 130
ジーンズ……………7, 10, 17
信楽……………11, 29
師弟継承（者）……………
　153, 156, 169-172
社会的アイデンティティ…………141, 146
集積効果……………10
十大陶磁工場……………102, 107
情緒的帰属……140-142, 144, 145, 147-149,
　159-166, 170-172
情報交換………41, 44, 57, 65, 66, 68, 69, 76
職人……………
　3, 8, 9, 12, 14-16, 25, 30, 36, 45, 59-67, 73,
　80, 83, 87, 97, 105, 135, 136, 146, 147, 150,
　151, 154, 170

シリコンバレー……………
　2, 10, 12, 18, 39, 41, 44-57, 71-78, 80, 81,
　93, 181
人工衛星……………17
スティーヴン・ジョブズ……………22, 75
製品の差別化……………86
セルフ・プロデュース……………25
繊維産業……………7, 8, 25
相互作用……………
　2, 5, 23, 31, 56, 138, 146-149, 168, 170,
　172, 174
相互評価……………10, 181
ソニー……………23

た　行

大量生産……………
　8, 16, 21, 28, 32, 40, 49, 60, 66, 97, 121,
　182
大ロット生産……………27, 28
多品種少量生産……………16, 128, 130
タブレット……………19, 21, 23
単品生産……………16, 27, 28
地域ブランド……………
　11, 93, 94, 103, 110, 122, 129, 130
地縁関係……………137, 144, 148, 165, 169
知的クラスター政策……………2
中小企業庁……………14
デザイナー……………34, 83, 128
デザイン……………45, 57, 75, 80, 83, 84, 86
伝統産業…………2, 3, 11-13, 25, 28, 31, 86
道具的帰属……140, 142, 144, 145, 147-149,
　161-163, 165, 166, 170-172
陶磁器産業…………25, 71, 94, 102, 115, 166
道徳的帰属……140-142, 144, 145, 147-149,
　159-166, 170-173
砥部……………30

索　引　　187

な　行

内在的要因⋯⋯⋯135, 138, 145, 147, 148, 170
ナショナル・ブランド⋯⋯⋯⋯⋯⋯⋯⋯95
灘⋯⋯⋯⋯⋯⋯⋯⋯⋯⋯⋯⋯⋯⋯⋯6, 31
ニーズ⋯⋯⋯⋯⋯⋯⋯⋯⋯⋯⋯⋯⋯⋯
　22, 23, 31, 54, 63, 68, 71, 74, 80, 83, 106,
　122, 124, 152
西陣⋯⋯7, 10-13, 16, 18, 24, 30, 31, 83, 181
二十世紀型ビジネスモデル⋯⋯⋯⋯⋯⋯21
日本酒産業⋯⋯⋯⋯⋯⋯⋯⋯⋯⋯⋯⋯⋯6
ネットワークレピュテーション⋯⋯10, 181

は　行

ハイエンド⋯⋯⋯⋯⋯⋯⋯⋯⋯⋯⋯⋯
　25, 29, 39, 45, 54, 63, 69, 75, 77-80, 83
波佐見⋯⋯⋯⋯⋯⋯⋯9, 36, 111, 120, 124
春の陶器市⋯⋯⋯⋯⋯⋯⋯⋯⋯⋯129, 130
美意識⋯⋯⋯⋯⋯⋯⋯⋯⋯⋯⋯29, 33, 86
東大阪⋯⋯⋯⋯⋯⋯⋯⋯⋯⋯⋯⋯⋯⋯17
ビジネスモデル⋯⋯⋯3, 16, 21, 86, 127, 130
備前⋯⋯⋯⋯⋯⋯⋯⋯⋯⋯⋯⋯⋯⋯11, 29
ビッグサイエンス⋯⋯⋯⋯⋯⋯⋯⋯⋯⋯24
品質管理⋯⋯⋯⋯⋯⋯11, 99, 103, 113, 123
ファッション産業⋯⋯⋯⋯⋯⋯15, 25, 30
深川製磁⋯⋯⋯⋯⋯⋯⋯⋯⋯⋯⋯36, 119
福井⋯⋯⋯⋯⋯⋯⋯⋯⋯⋯⋯⋯⋯7, 10, 17
伏見⋯⋯⋯⋯⋯⋯⋯⋯⋯⋯⋯⋯⋯⋯6, 31
ブランド⋯⋯⋯⋯⋯⋯⋯⋯⋯⋯⋯⋯⋯
　11, 17, 55, 61, 67, 72, 93, 94, 102, 112, 121,
　123, 130, 131, 166
フルセット主義⋯⋯⋯⋯⋯⋯⋯⋯⋯⋯⋯20
プロデューサー⋯⋯⋯⋯⋯⋯⋯⋯⋯⋯⋯
　5, 18, 21-23, 25, 28-35, 37, 79, 83, 87, 99,

108, 183
プロデュース⋯⋯⋯21, 23, 24, 32, 35, 128, 168
プロフェッショナル⋯⋯54, 57, 75, 76, 85, 86
ベンチャー企業⋯⋯⋯⋯⋯49, 73, 107, 178
倣古（品）磁器⋯⋯⋯⋯⋯⋯⋯⋯⋯⋯⋯
　71, 75, 80, 102, 103, 105, 106, 151, 155, 162
ポーター⋯⋯⋯⋯⋯⋯2, 41, 42, 46, 52, 138
ボリュームゾーン⋯⋯⋯⋯⋯⋯⋯45, 63, 182

ま　行

マイセン⋯⋯⋯⋯⋯⋯⋯⋯⋯⋯⋯⋯26, 112
益子⋯⋯⋯⋯⋯⋯⋯⋯⋯⋯⋯⋯⋯⋯⋯30
町工場⋯⋯⋯⋯⋯⋯⋯⋯⋯⋯⋯⋯⋯12, 17
三河⋯⋯⋯⋯⋯⋯⋯⋯⋯⋯⋯⋯⋯⋯14, 15
みやこ性⋯⋯⋯⋯⋯⋯⋯⋯⋯⋯⋯⋯⋯31
室町⋯⋯⋯⋯⋯⋯⋯⋯⋯⋯⋯⋯⋯⋯⋯25
メーカー⋯⋯⋯⋯⋯⋯⋯⋯⋯⋯⋯⋯⋯
　5-7, 13, 18, 20, 35, 49, 77, 83, 103, 119
めがねフレーム⋯⋯⋯⋯⋯⋯7, 10, 17, 18
モチベーション⋯⋯⋯65, 77, 79, 85, 98, 152
盛田昭夫⋯⋯⋯⋯⋯⋯⋯⋯⋯⋯⋯⋯⋯24

や　行

役割アイデンティティ⋯⋯⋯⋯⋯145, 146
結城⋯⋯⋯⋯⋯⋯⋯⋯⋯⋯⋯⋯⋯⋯11, 25

ら　行

楽天市場⋯⋯⋯⋯⋯⋯⋯⋯⋯⋯⋯107, 110
楽焼⋯⋯⋯⋯⋯⋯⋯⋯⋯⋯⋯⋯⋯⋯⋯25
リスク回避者⋯⋯⋯⋯⋯⋯⋯⋯⋯⋯16, 20
リスクテイカー⋯⋯⋯⋯⋯⋯⋯⋯16, 17, 20
リスクテイク⋯⋯⋯⋯⋯⋯⋯⋯⋯⋯18, 52
リスクの分担⋯⋯⋯⋯⋯⋯⋯⋯⋯⋯14, 21

［著者紹介］

日置弘一郎（ひおき こういちろう）　　　　　　　　　　［序章・第1章，終章］

就実大学経営学部教授。京都大学名誉教授。博士（経済学）。
京都大学経済学部卒，大阪大学大学院経済学研究科中退。京都大学経済学研究科・経済学部教授，公立鳥取環境大学教授等を経て現職。
主な著書に『文明の装置としての企業』（有斐閣），『「出世」のメカニズム』（講談社），『日本型 MOT―技術者教育からビジネスモデルへ』『経営戦略と組織間提携の構図』『労務管理と人的資源管理の構図』（いずれも共編著 中央経済社）などがある。

大木裕子（おおき ゆうこ）　　　　　　　　　　　　　　　　　［第2章］

東洋大学ライフデザイン学部教授。博士（学術）。
東京藝術大学音楽学部卒業後ビオラ奏者としての活動を続けながら，早稲田大学大学院アジア太平洋研究科 MBA，博士後期課程修了。昭和音楽大学，京都産業大学を経て現職。
主な著書に『オーケストラのマネジメント』『クレモナのヴァイオリン工房』『ピアノ技術革新とマーケティング戦略』（いずれも文眞堂）などがある。

波積真理（はづみ まり）　　　　　　　　　　　　　　　　　　［第3章］

熊本学園大学商学部教授。博士（経済学）。
九州大学大学院経済学研究科博士後期課程修了。熊本学園大学商学部助教授等を経て現職。
主な著書に『一次産品におけるブランド理論の本質』（白桃書房），『水産物ブランド化戦略の理論と実践』（共編著 北斗書房）などがある。

王 英燕（おう えいえん）　　　　　　　　　　　　　　　　　　［第4章］

慶應義塾大学商学部教授。博士（経済学）。
京都大学経済学研究科修士課程・博士課程修了。京都大学経営管理大学院京セラ経営哲学寄附講座助教，広島市立大学国際学部准教授，京都大学大学院経済学研究科准教授等を経て現職。
主な著書に『組織コミットメント再考』（文眞堂），『経営理念の浸透』（共著 有斐閣）などがある。

産業集積のダイナミクス
ものづくり高度化のプロセスを解明する

2019年10月1日　第1版第1刷発行

著　者	日　置　弘　一　郎
	大　木　裕　子
	波　積　真　理
	王　　　英　燕
発行者	山　本　　　継
発行所	㈱中　央　経　済　社
発売元	㈱中央経済グループパブリッシング

〒101-0051　東京都千代田区神田神保町1-31-2
電話　03（3293）3371（編集代表）
　　　03（3293）3381（営業代表）
http://www.chuokeizai.co.jp/
印刷／㈱堀内印刷所
製本／㈲井上製本所

© 2019
Printed in Japan

※頁の「欠落」や「順序違い」などがありましたらお取り替えいたしますので発売元までご送付ください。（送料小社負担）
ISBN978-4-502-29991-9 C3034

JCOPY〈出版者著作権管理機構委託出版物〉本書を無断で複写複製（コピー）することは，著作権法上の例外を除き，禁じられています。本書をコピーされる場合は事前に出版者著作権管理機構（JCOPY）の許諾を受けてください。
JCOPY〈http://www.jcopy.or.jp　eメール：info@jcopy.or.jp〉